インプレス R&D [NextPublishing] 　技術の泉 SERIES　E-Book / Print Book

Markdown ライティング入門

藤原 惟　著

「軽快に原稿を書きたい！」
「テキストエディタやスマホで書きたい！」
「手軽にWebに公開したい！」……
そんなときにはMarkdownを
使ってみませんか？

目次

はじめに ………………………………………………………………… 6

表記関係について ……………………………………………………… 6

免責事項 ………………………………………………………………… 7

底本について …………………………………………………………… 7

第1章 プレーンテキストと Markdown …………………………… 9

1.1 プレーンテキストの勧め ……………………………………… 9

1.2 Markdown はプレーンテキストで文章を書くための記法 …… 10

1.3 Markdown アプリの例 ………………………………………… 11

1.4 本書における Markdown の定義 ……………………………… 12

第2章 ミニマム Markdown …………………………………………… 16

2.1 Markdown が満たすべき最低限の原則 ＝ ミニマム Markdown … 16

2.2 ミニマム1：プレーンテキストで書く ……………………… 16

2.3 ミニマム2：段落は空行で区切る …………………………… 18

　　段落とは何か ……………………………………………………… 19

　　プレーンテキスト上の改行：電子メール流段落とワープロ流段落 …… 19

　　Markdown は電子メール流段落が原則 ………………………… 21

　　なぜ Markdown は電子メール流段落が原則なのか …………… 21

　　ミニマム2'：強制改行は「行末にスペース2つ」………… 22

　　ワープロ流段落に対応した Markdown アプリ ………………… 23

2.4 ミニマム3：ファイルの拡張子は「.md」 ………………… 23

2.5 ミニマム Markdown のまとめ ………………………………… 24

第3章 Markdown で書いてみよう ………………………………… 26

3.1 Markdown 専用エディタをインストールしよう …………… 26

　　初心者にお勧めの Markdown 専用エディタ …………………… 26

　　Markdown 専用エディタを使ってみよう ……………………… 28

　　Markdown と仲良くなろう ……………………………………… 31

3.2 ミニマム Markdown で書いてみよう ………………………… 31

　　例1：ミニマム Markdown にしたがっている場合 …………… 32

　　例2：ミニマム1「プレーンテキストで書く」に反している場合 …… 33

　　例3：ミニマム2「段落は改行で区切る」に反している場合 …… 34

第4章 きほんの Markdown …………………………………………… 38

4.1 きほん1：太字 ………………………………………………… 39

　　例 …………………………………………………………………… 39

　　補足：斜体について ……………………………………………… 39

4.2 きほん2：見出し ……………………………………………… 39

2 ｜ 目次

見出し記法 ･･･40

見出しの意味付け ･････････････････････････････････････42

下書き段階における見出し ･･･････････････････････････43

清書段階における見出し ･････････････････････････････43

4.3 きほん3：リンク ･････････････････････････････････････43

リンク記法の基本 ･････････････････････････････････････43

例 ･･･44

参照リンク形式 ･･･････････････････････････････････････44

例 ･･･44

きほん3′：自動リンク ･･･････････････････････････････････45

4.4 きほん4：画像 ･･･････････････････････････････････････46

画像記法を使う前提 ･･･････････････････････････････････46

Windows/macOS（ローカル環境）で画像を扱う方法 ･･46

Webアプリ・サービス上で画像を扱う方法 ･･････････49

画像記法のまとめ ･････････････････････････････････････50

4.5 きほん5：引用 ･･･････････････････････････････････････51

例 ･･･51

4.6 きほん6：番号なしリスト（番号のない箇条書き）･･･51

例 ･･･52

番号なしリストの入れ子 ･････････････････････････････52

4.7 きほん7：番号付きリスト（番号のある箇条書き）･･･54

例 ･･･54

番号付きリストの入れ子 ･････････････････････････････55

4.8 きほん8：水平線（主題分割）･･･････････････････････56

例 ･･･56

4.9 きほん9：コード ･････････････････････････････････････57

例 ･･･57

4.10 きほん10：コードブロック ･･････････････････････････57

記法1：テキストの前後をバッククォート3つの行で囲む ･････58

記法2：各行の始めに半角スペース4つを打つ ･････････58

4.11 きほんのMarkdown：まとめ ･･･････････････････････59

第5章 Markdownライティングを実践しよう ･････････････････63

5.1 道具：Typora（Markdown専用エディタ）･････････････63

5.2 考え方：2段階執筆（下書き段階と清書段階）･･･････65

5.3 はてなブログでMarkdownライティング ･････････････66

下書き段階 ･･･66

メモ書きしてみる ･････････････････････････････････････66

見出しを付けてみる ･･･････････････････････････････････67

下書き版「春はあけぼの」 ･･･････････････････････････69

清書段階 ･･･70

見出しの書き換え ･････････････････････････････････････70

画像を貼ってみる ･････････････････････････････････････73

公開してみる ･･･77

まとめ：はてなブログでMarkdownライティング ････78

5.4 WordPressでMarkdownライティング ･････････････････78

方法1：プレビュー画面からリッチテキストをコピー＆ペーストする ･････79

目次 3

方法2：WordPressエディタ上でMarkdown文書を直接入力・編集する ················ 80
「ビジュアル」エディタの場合 ·· 80
「テキスト」エディタの場合 ·· 81
WordPressのMarkdown ·· 82
画像の挿入 ·· 83

第6章 Markdownをさらに活用する ··· 85

6.1 さまざまなツールで書くMarkdown ··· 85
スマートフォンでMarkdown（BywordとDropboxの活用） ················· 85
ポメラでMarkdown ·· 87
手書きでMarkdown ·· 88

6.2 Markdown文書からリッチテキストへ ······································ 89
前提知識：見出しとアウトライン（構造）の関係 ··························· 89
プレビュー画面からリッチテキストをコピーする ························· 91
HTMLにエクスポートし、Wordで直接開く ··································· 93
Typora：Word形式で直接出力する ·· 94
手作業で書式を付ける ·· 94

6.3 MarkdownとHTML ··· 96
見出しの対応 ·· 97
HTMLの直接埋め込み ·· 98
HTML形式のコメント ·· 100

6.4 Markdownを活用するための小技 ··· 100
Markdownにない書式指示を日本語で仮置きする ···························· 100
半角記号をそのまま表示する方法 ·· 101

第7章 GitHub Flavored Markdown（GFM） ································· 103

7.1 GFM1：表記法 ··· 103
楽に表を作るコツ ·· 104

7.2 GFM2：タスクリスト記法 ·· 106

7.3 GFM3：打ち消し線記法 ·· 107

7.4 GFM4：拡張自動リンク記法 ·· 107

7.5 GFM5：絵文字記法 ·· 107

7.6 GFM6：コードブロックの色づけ（シンタックスハイライト） ········· 109

7.7 注意：GitHub Flavored Markdown Specにない記法 ····················· 110

7.8 GFM：まとめ ··· 110

第8章 Markdownとは何か？ ·· 112

8.1 Markdownの定義 ··· 112
Markdownの意味的な定義 ·· 112
Markdown方言 ·· 112
「Markdown」という用語のあいまい性 ·· 113
Markdownの形式的な定義 ·· 113

8.2 特筆すべきMarkdown方言の一覧 ··· 114
GitHub Flavored Markdown（GFM） ·· 114
MultiMarkdown ··· 114

はてなブログの Markdown モード ··· 115
Pandoc's Markdown ··· 115
CommonMark ··· 116
PHP Markdown Extra ·· 117
R Markdown ··· 117
Redcarpet（Markdown 処理系）·· 117
Markdown 方言・処理系：一覧の一覧 ······································ 118
Markdown 処理系の比較ツール「Babelmark」······························ 118

8.3 Markdown と CommonMark の思想と歴史 ························ 119
Gruber の Markdown ··· 119
エッセイ "Dive Into Markdown" ·· 120
Aaron Swartz の貢献 ·· 121
Jeff Atwood の Gruber 批判 ··· 121
「Standard Markdown」から CommonMark へ ····························· 122

おわりに ·· 124

付録 アプリのインストール・設定方法 ··································· 125

MarkdownPad（Windows のみ）··· 125
MarkdownPad のメニューを日本語表示にする ······························ 128

MacDown（macOS のみ）··· 129

Typora ··· 131
インストール：Windows の場合 ·· 132
インストール：macOS の場合 ·· 133

はてなブログ：Markdown モード ··· 134

WordPress ·· 136
クラウド版「WordPress.com」·· 136
ソフトウェア版 WordPress：Jetpack のインストール・設定 ··············· 137

Pandoc ··· 137
ダウンロード ··· 138
インストール：Windows の場合 ·· 139
インストール：macOS の場合 ·· 140

謝辞 ·· 142

はじめに

```
# はじめに

本書は、ライティング（文章を書くこと）をテーマとしています。
特に、PCやスマートフォンで**気楽に**文章を書くための
提案をしていきます。

たとえば……

- ストレスを減らして、執筆に集中したい
- PCが古くて、できるだけ軽いアプリで執筆したい
- 思いついたときに、手元のスマホなどでさっとメモ書きしたい
- そのメモ書きをあとで原稿にまとめたい
- いろいろなアプリやWebサービスなどで、原稿を使い回したい

本書では、気楽に文章を書く記法（記号を用いた表記の方法）
としてMarkdown（マークダウン）を紹介します。

実は、今お読みの文章は、Markdownで書かれた原稿そのままです。
いったん、「はじめに」のページ全体を見渡してみてください。

いくつかの行頭には、「#」「-」という記号がついています。
「**気楽に**」も、ちょっと目立ちますね。
段落も、原稿用紙のように全角スペース「　」で
字下げするのではなく、空の行で区切っています。

Markdownでは、これらの記号や空白（半角スペースと空白行）の
使い方に意味を持たせます。その意味は本書の中で説明します。

もしかしたら第一印象として、
「#」はタイトルっぽい、「-」は箇条書きっぽい……
となんとなく感じられるかもしれません。
その直感が、実はMarkdownの設計思想に隠れています。

Markdownを使って書かれた文章は、原稿のままでも
読みやすくなります。余計な書式の「味付け」をしなくても、
素のテキストのままで執筆やメモ書きをサクサク進められます。

「下手くそでも、雑でもいい。文章を書くことを好きになってほしい」
それが本書で一番伝えたいことです。

さあ、あなたもMarkdownでシンプルな執筆スタイルを始めましょう！
```

表記関係について

　本書に記載されている会社名、製品名などは、一般に各社の登録商標または商標、商品名です。
会社名、製品名については、本文中では©、®、™マークなどは表示していません。

本書で表示されている製品・アプリの価格は、執筆時点のものです。将来的にこれらの価格が変更される可能性もあります。

免責事項

本書に記載された内容は、情報の提供のみを目的としています。したがって、本書を用いた執筆、開発、製作、運用などについて、著者はいかなる責任も負いません。これらは必ずご自身の責任と判断によって行ってください。

底本について

本書籍は、技術系同人誌即売会「技術書典4」にて頒布された同名の同人誌『Markdownライティング入門』（サークル名：ソラソルファ）を底本とし、加筆・修正を加えています。

第1章 プレーンテキストとMarkdown

1.1 プレーンテキストの勧め

　ライター（文章を書く人）にはいろいろなスタイルがあります。媒体によっても、いろいろな制約条件があります。近年では、Webメディアが広く発展し、次のように文章を書く環境がますます多様化しつつあります。

　いわゆる「文系ライター」の方は、Microsoft Word（以降、Word）を主力とする方が多いでしょう。一方で、Webメディアの編集部では、提出形式としてGoogleドキュメントを指定される事例や、ブログシステム（WordPressなど）の編集画面で直接編集する事例も、筆者の周囲では見聞きします。

　多様化した執筆環境では、同じ内容の文章を「複数の環境で共通して扱える」ことが必要とされます。たとえば、Wordに複雑な書式を入れ込んだ場合を考えてみましょう。Wordのテキストをコピーし、異なるアプリにペーストすると、場合によっては書式が崩れたり意図通りの見た目にならなかったりします。このような書式のトラブルは、Wordユーザーであればどこかで経験するでしょう。

　一方、メモや下書きの段階では、ライター個人の好みによって、さらに執筆環境が多様になります。近年ではiPhoneやAndroidなどのスマートフォンで、電車の中や空き時間などにさくっと原稿やメモを作ってしまうことも多いでしょう。

- ・PC・スマートフォンのメモアプリ（Evernoteなど）
- ・紙の手帳・ノート・メモ
- ・キングジム「ポメラ」（メモに特化した電子端末）

　特に小説・論文レベルの長文を書く際は、「軽快に文章を書ける」ことも重要です。小説を日常的に書く方は、軽快なテキストエディタ（秀丸エディタなど）を愛用する方も多いようです。

　「複数の環境で原稿を書きたい」「いつでもどこでも原稿を進めたい」「軽快に書きたい」……　そのような志向の方に対して、筆者は**プレーンテキスト**を中心としたシンプルな執筆スタイル執筆を提案します。

　プレーンテキストは**余計な装飾がない、文字だけのデータ**です。たとえば「Windowsのメモ帳で書ける文章」は、プレーンテキストです。プレーンテキストは端末やアプリに依存することが少ないため、あらゆる環境に文章を持ち運ぶことが容易です。

　しかし、プレーンテキストで原稿を書く上での不便もあります。**プレーンテキストには、書式という概念がないのです。**たとえば見出しを太字で表示したり、箇条書きをきれいにそろえて表示したりができません。

　そのためプレーンテキストでは、しばしば「これは見出しです」「これは箇条書きです」といった指定をするために、**記法**を使うことがあります。記法とは、文字およびその補助記号を用いて、言

葉を書き表す方法のことです。

　たとえば次の例のように、著者や編集者が独自に記法を定めることがあります。

【見出し】

重要な語句を▽太字▽にします。

・箇条書き
・箇条書き

〈引用箇所〉

　ただし、記法を独自に定めると筆者や編集者によって指示がバラバラになってしまい、原稿を再利用する際に大幅な書き換えをする必要があります。それでも原稿を渡す相手が人間の編集者であれば、常識の範囲で「ここは見出し」「ここは箇条書き」とある程度は書式を推測してくれるでしょう。

　では、「原稿を渡す相手が機械（アプリやWebサービス）」という場合ではどうでしょうか。たとえば、ひとつの原稿をブログに投稿したり、それをもとにした電子書籍を筆者自身が制作したりする時です。

　残念ながら、機械は人間の「常識」や「空気」を理解してくれません。「ここは見出し」「ここは箇条書き」などの指示を機械に理解してもらうには、あらかじめ機械と人間の間で一定の「決まりごと」、すなわち記法を決めておく必要があります。

　ITの世界では、このようなプレーンテキストで原稿を書くための記法が数多く考案されてきました。その一つが、**Markdown**という記法です。

1.2 Markdownはプレーンテキストで文章を書くための記法

　Markdownは**プレーンテキストで文章を書くための記法**の一種です。 Markdownを使う場合、いくつかの**半角記号**を使って「ここは見出しに」「ここは太字で」といった書式を指定していきます。

　たとえば、次のように書式を指定します。

```
## 見出し

重要な語句を**太字**にします。

- 箇条書き
- 箇条書き

> 引用箇所
```

　これをMarkdownに対応したアプリやWebサービスで表示すると、図1のような表示が得られます。

図 1: Markdown のサンプル（出力例）

見出し

重要な語句を**太字**にします。

- 箇条書き
- 箇条書き

> 引用箇所

Markdown の特徴はシンプルさと実用性にあります。具体的には、次のような特徴があります。

・覚えやすい

・プレーンテキストのままでも原稿が読みやすい

・動作の軽いテキストエディタで原稿を執筆できる

・Markdown に対応したアプリや Web サービスは、記法を解釈し適切に表示する

　Markdown の他にも、このようなプレーンテキスト向けの記法はたくさんあります[1]。オンライン百科事典の Wikipedia は独自の記法を持っていますし、 Web ページを記述するための記法である HTML もそのひとつです。

　ただし、Wikipedia の記法は原則として MediaWiki というシステムの上でしか使えません。 HTML は一般の書き手が直接書くには煩雑すぎますし、書かれた HTML を読むのも大変です。一方、Markdown は「対応するアプリや Web サービスが多い」「覚えるべき記法が比較的少なくシンプル」というバランスが魅力です。

　また、Markdown はプレーンテキストの原稿自体が読みやすいことも特徴です。Markdown は原則として段落を空行（空の行）で区切ります。この原則によって Markdown で書かれた原稿が読みやすくなります。段落の扱いは第2章で説明します。

　本書では、Markdown で書かれた原稿を**Markdown 文書**[2]と呼びます。また、Markdown 文書を機械的に解釈し、目的の表示やファイルを出力するアプリや Web サービスのことを**Markdown アプリ**と呼びます。

1.3 Markdown アプリの例

　幸いなことに、Markdown アプリは増えつつあります。執筆関係に限って厳選しても、次のよう

---

1. このように、プレーンテキスト上で書式や注釈などの指示をするための記法を一般に**マークアップ言語**と呼びます。その中でも、人間にとって書きやすく覚えやすい簡潔な記法のことを**軽量マークアップ言語**と呼ぶことがあります。

2. 本書では、「文や文字を書き連ねたもの」を文章、「文章を 1 つのファイルや媒体にまとめたもの」を文書として用語を区別します。

な Markdown アプリがあります。

- ・Markdown 専用エディタ
  - – MarkdownPad[3]（第 3 章）
  - – MacDown[4]（第 3 章）
  - – Typora[5]（第 5 章）
  - – Byword[6]（iOS アプリ・第 6 章）
  - – JotterPad[7]（Android アプリ・第 6 章）
- ・ブログ
  - – はてなブログ[8]（第 5 章）
  - – WordPress[9]（第 5 章）
- ・電子書籍制作ツール
  - – でんでんコンバーター[10]
  - – LeME[11][12]
- ・Wiki・情報共有ツール
  - – esa[13]（第 3 章コラム）
  - – Kibela[14]

これら以外にも、一見関係なさそうな Web アプリにおいて、実は Markdown に対応している場合があります。

- ・Trello（プロジェクト管理ツール）
- ・Discord（チャットアプリ）
- ・Dynalist（アウトラインエディタ）

このように、Markdown は執筆に限らず、あらゆる場面で利用可能になりつつあります。本書を通じて Markdown を少しだけでも覚えると、あらゆるアプリで便利に使えるでしょう。

1.4 本書における Markdown の定義

一方で、正式な「Markdown の定義」は長らくあいまいなままでした。同じ「Markdown」と名の付く記法であっても、記法の細かい点については Markdown アプリによって微妙に異なるのが現状です。このように各アプリ・サービスが個別に定義する Markdown の亜種を、俗に **Markdown**

---

3. E. Wondrasek and Apricity Software LLC:*MarkdownPad - The Markdown Editor for Windows*.http://markdownpad.com/. [参照: 2018 年 4 月 2 日].

4. T. Chung:*MacDown: The open source Markdown editor for macOS*.https://macdown.uranusjr.com/. [参照: 2018 年 4 月 2 日].

5. A. Lee:*Typora — a markdown editor, markdown reader*.https://typora.io/. [参照: 2018 年 4 月 2 日].

6. Metaclassy Lda.:*Byword - Markdown text editor app for Mac, iPhone and iPad*.https://bywordapp.com/. [参照: 2018 年 4 月 2 日].

7. Two App Studio Pte. Ltd.:*JotterPad - 脚本や小説を執筆しよう - Google Play*.https://play.google.com/store/apps/details?id=com.jotterpad.x&hl=ja. [参照: 2018 年 4 月 2 日].

8. 株式会社はてな:はてなブログ.http://hatenablog.com/. [参照: 2018 年 3 月 20 日].

9. Automattic:*Jetpack by WordPress.com | WordPress.org*.https://ja.wordpress.org/plugins/jetpack/. [参照: 2018 年 8 月 15 日].

10. イースト株式会社:電書ちゃんのでんでんコンバーター.https://conv.denshochan.com/. [参照: 2018 年 3 月 20 日].

11. 理音伊織:*LeME*.https://leme.style/. [参照: 2018 年 3 月 30 日].

12. LeME では（Markdown に近い）テキストファイル原稿向けの記法をサポートしていますが、LeME の公式サイト（コンテンツ作成ガイド）では「Markdown」とは明言していません。

13. esa LLC:*esa*.https://esa.io/. [参照: 2018 年 4 月 1 日].

14. Bit Journey:*Kibela*.https://kibe.la/ja. [参照: 2018 年 8 月 15 日].

方言と呼びます。

　以上の背景から登場したのが、Markdownの（事実上の）標準と言える**CommonMark**です。2018年現在では、このCommonMarkを指して暗黙的にMarkdownと呼んでよいと筆者は考えます[15]。

　本書ではMarkdownの仕様に関して、**特に断りがない限り、原則としてCommonMarkに準拠する**という方針で解説します。その上で、覚えやすく頻出の記法についてCommonMarkから厳選し、「**ミニマムMarkdown**」と「**きほんのMarkdown**」という2つの記法として紹介します。いずれも本書が独自に定義する記法ですが、「CommonMark対応」と説明されているMarkdownアプリでは確実に使える記法です。

- **ミニマムMarkdown**（第2章・本書独自）[16]
  - 「プレーンテキストで書く」「段落は空行で区切る」という2つの原則[17]を中心とした記法
- **きほんのMarkdown**（第4章・本書独自）
  - 筆者が「どのMarkdownアプリでも無難に使える」と判断した基本的な記法
  - ミニマムMarkdownと組み合わせて使う
- **CommonMark**（一般的な名称）
  - Markdownの（事実上の）標準仕様[18]
  - 「ミニマムMarkdown」と「きほんのMarkdown」に従う記法は、CommonMarkとしても正しい記法

　CommonMarkと「ミニマムMarkdown」「きほんのMarkdown」の対応は図2の模式図を参考にしてください。まずは「ミニマムMarkdown」を覚えましょう。そして実際にMarkdownを使って文章を書く際に、「きほんのMarkdown」を少しずつ覚えていけばよいでしょう。

---

15. Markdownの定義やCommonMarkの位置付けに関する議論は第8章で詳しく議論します。

16. 筆者が連載していたnoteマガジン「文系のためのMarkdown入門」では「最低限のMarkdown」という名前でした。

17. 本書では、必ず守るべき事項を「ルール」と呼び、場合によって例外がある事項を「原則」と呼びます。

18. 本書で扱うCommonMarkは、厳密には「Version 0.28」（2017年8月1日版）に準拠します。なお「（事実上の）標準仕様」に関しては複雑な経緯があるため、第8章で説明します。

図2: CommonMarkと「ミニマムMarkdown」「きほんのMarkdown」の対応

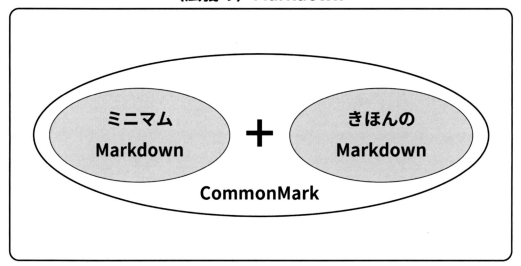

> コラム：ワープロソフトとMarkdown
>
> 　WordやGoogleドキュメントのように、紙面や表示画面をきれいに整え、その内容を見やすくする機能を持つ文書作成ソフトを**ワープロソフト**と呼びます。
>
> 　ワープロソフトは、そのままでは原則としてMarkdownに対応しません。その代わり、次のような「Markdownとの付き合い方」があります。
> 1．プレーンテキストのMarkdown文書を書く
>   → ワープロソフトの形式に変換
>   ー第6章で詳しく説明します
> 2．ワープロソフトの上で、ワープロソフトの流儀に従い原稿を書く
>   → Markdown文書に変換
>   ー要プラグイン（本書では割愛）
>   ーWordの場合：Writage[19]
>   ーGoogleドキュメントの場合：GD2md-html[20]
> 3．ワープロソフトの上で、プレーンテキストを模したMarkdown文書を書く
>   ー第2章コラム（WordでMarkdownを書く!?）を参照
>
> 　**無理にMarkdownを使う必要はありません**。Markdown（およびプレーンテキスト）による執筆は、あくまでも「数ある執筆手段の一つ」と考えてください。
>
> ---
> 19.http://www.writage.com/
> 20.https://chrome.google.com/webstore/detail/gd2md-html/igffnbdfnodiaphfmfaiiaegmoljbghf

> コラム：Markdownで技術書を書きたい方へ
>
> 　（このコラムは、技術者の方に向けた補足です。専門的な事項を含むので、飛ばして読んでもかまいません）
> 　本書では「Markdownを使って自力で本を作る方法」（印刷所へ入稿可能なPDFを作成する方法）について、残念な

がら紙面の都合上割愛しました。しかし、本書を手に取る技術者の多くは、この説明を望んでいると思われます。少し補足をしておきます。

技術同人誌イベント「技術書典4」において筆者は、本書の元となった同名の技術同人誌を頒布しました[21][22]。技術的には、主に次のようなシステムでPDFを作成しました。

- Pandoc（文書変換ツール）
    - Markdown（Pandoc's Markdown）→ LaTeX[23]
- LuaLaTeX（組み版ソフト：PDFの生成に利用）
    - LaTeX → PDF
- Mendeley（参考文献管理：BibTeX形式で出力し、Pandocで利用）

Pandocの機能をフル活用するために、本書の原稿はPandoc's MarkdownというMarkdown方言によって書かれています（第8章で説明します）。

上記の詳細やノウハウについては、今後筆者が解説書を執筆する予定です。刊行の際は筆者のTwitterアカウント（@skyy_writing[24]）にて告知するので、フォローをよろしくお願いします。

最後に本書は、株式会社インプレスR&Dの「NextPublishing」[25]という電子出版プラットフォームで制作しています。そのため本書は、上記のシステムとは異なった方法で組み版をしていることをご了承ください。

---

21. TechBooster・達人出版会: 技術書典4.https://techbookfest.org/event/tbf04. [参照: 2018年9月28日].
22. 藤原惟: サークル詳細 | SOLARSOLFA | 技術書典.https://techbookfest.org/event/tbf04/circle/19220001. [参照: 2018年9月28日].
23. LaTeXは「ラテフ」または「ラテック」と読みます（「ラテックス」ではありません）。
24. https://twitter.com/skyy_writing
25. 株式会社インプレスR&D: NextPublishingとは | 電子書籍とプリントオンデマンド（POD）| NextPublishing（ネクストパブリッシング）.https://nextpublishing.jp/about. [参照: 2018年9月28日].

第2章 ミニマムMarkdown

2.1 Markdownが満たすべき最低限の原則＝ミニマムMarkdown

Markdownの原則にはいろいろな種類があります。その中でも、Markdownが満たすべき最低限の原則は次の2つであると筆者は考えます。

- ミニマム1
  - プレーンテキストで書く
- ミニマム2
  - 段落は空行で区切る

さらに実践的な原則として、次の2つを付け加えます。

- ミニマム2'
  - 強制改行は「行末にスペース2つ」
- ミニマム3（PC上のファイルとしてMarkdown文書を扱う場合のルール）
  - ファイル名の拡張子は「.md」

以上4つの原則をまとめて、本書では「ミニマムMarkdown」と呼ぶことにします。

この「ミニマム1〜3」は本書で定義する原則（ルール）の名前です。特に**ミニマム1**と**ミニマム2**は非常に重要です。**ミニマム2'**と**ミニマム3**の重要性は低めですが、Markdownを使う上での「常識」としてセットで覚えるとよいでしょう。

実は、一見してMarkdownで書かれていないような文章が、ミニマムMarkdownの原則を満たす場合もあります。たとえば多くの電子メール（テキスト形式）は、ミニマムMarkdownに適合すると筆者は考えます。

「Markdownは電子メールの記法に似ている」というイメージで本章を読み進めると、理解しやすいでしょう。

2.2 ミニマム1：プレーンテキストで書く

プレーンテキストとは、何も書式が付いていないテキスト（文字の並び）のことです。

たとえば、次の文章はプレーンテキストと呼べます。

- テキストエディタで書いた文章
  - Windowsの場合はメモ帳、秀丸エディタ、サクラエディタなど
  - macOSの場合はmi、CotEditorなど
- TwitterやFacebookの入力欄に記述する文章

逆に**Wordで書いた文章はプレーンテキストではありません**。さまざまな書式や図表を、テキストの中に埋め込むからです。このようにテキストに書式や図表などが埋め込める形式のことを、**一般にリッチテキスト**と呼びます。

16 | 第2章 ミニマム Markdown

次のような「テキスト」も、プレーンテキストではなくリッチテキストです。

・Evernoteのノート
・macOS標準のテキストエディット（**既定は「リッチテキスト」モード**[1]）
・WordPressの「ビジュアル」エディタ
・Gmailのメール編集画面

ただし、文章について言及する文脈や文章の編集環境によって、プレーンテキスト／リッチテキストのどちらかで呼ばれるかが左右されます。特にHTMLやMarkdownについては注意が必要です。たとえばHTMLの場合は、図3のように異なる2つの視点で解釈できます。

・テキストエディタで開いたHTMLファイル：**プレーンテキスト**
  - HTMLタグがそのまま見える（例：`<h1>`）
・ブラウザで開いたHTMLファイル：**リッチテキスト**
  - HTMLタグで指示したとおりに書式が反映される（例：見出し）

図3: プレーンテキストとリッチテキスト

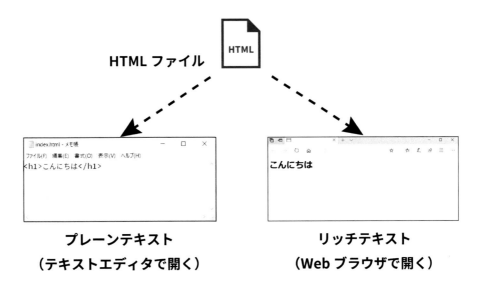

別の例を挙げてみます。WordPressは投稿（Webページ）を2種類のエディタで編集できます。

・「テキスト」エディタ：**プレーンテキスト**
  - HTMLを直接編集するためのテキストエディタ
・「ビジュアル」エディタ：**リッチテキスト**
  - 既定のエディタ

Markdownも同様に、プレーンテキストとしての側面と、リッチテキストとしての側面の両方を持ちます。

---

1. macOSのテキストエディットでは、リッチテキストをプレーンテキストに変換できます。メニューバーの「フォーマット」→「標準テキストにする」で可能です。常にプレーンテキストを使用する場合は、「環境設定」で「フォーマット」を「標準テキスト」に変更します。

・原稿を書くとき：**プレーンテキスト**

　　– 原稿はプレーンテキストとして執筆・編集

・原稿を出力するとき：**リッチテキスト**

　　– プレビュー画面や出力先ファイル（HTMLなど）はリッチテキストとして表示・出力

前者の**「原稿をプレーンテキストとして書く」**という原則を**ミニマム1**と名付けます。

　また、Markdownに特化したテキストエディタ（Markdown専用エディタ）では、多くの場合2つの画面やモードを持ちます。

・入力画面：**プレーンテキスト**

　　– Markdown文書を入力するための画面。テキストエディタ

・プレビュー画面：**リッチテキスト**

　　– Markdown文書がどのように出力先（Webサイトなど）で表示されるかを確認する画面

　実際にMarkdown文書を書いていく段階では、このようなMarkdown専用エディタを使うと便利です。詳細は第3章で説明します。

コラム：WordでMarkdownを書く!?

　ミニマム1「プレーンテキストで書く」についての補足です。

　リッチテキストの代表としてWordを取り上げましたが、実はWordの上でMarkdownを書いてもかまいません。Wordの「太字」「（文字や背景の）色」「スタイル」などの**書式機能を一切使わずに書けば**、擬似的なプレーンテキストとしてWord上でもMarkdown文書を書けます。

　そして、本物のプレーンテキストが欲しい場合は、Wordからコピーしてメモ帳（またはテキストエディタ）にペーストしてください（Windowsの場合）。Word上のリッチテキストがプレーンテキストに変換され、その代わりにリッチテキストとしての書式が取り除かれます。

　以上の原理を知った上で、「Wordなどのリッチテキスト環境でMarkdown文書を書く」ことは可能です。たとえば、同じリッチテキスト環境であるEvernoteやWordPress（「ビジュアル」エディタ）でも、この原理を知っておくとメモや原稿下書き・執筆がより楽になるかもしれません。

　ポイントは、「リッチテキストで書式を付けたい！」（太字にする、色を付けるなど）という誘惑に負けず、Markdownの記法を活用しプレーンテキストで書き続けることです。このリッチテキストとプレーンテキストの違いはMarkdownにおいて重要ですので、しっかり理解しましょう。

2.3 ミニマム2：段落は空行で区切る

　Markdownでは原則として、**段落を空行（空の行）で区切ります。**この原則を**ミニマム2**と名付けます。

　空行とは「改行以外、何も文字がない行」です[2][3]。空行を打つには、キーボードでEnterキー[4]を2回押します。

　ただし、この「段落」に関してはかなりの補足が必要です。しばらく寄り道にお付き合いください。

---

2. プレーンテキストでは、改行は改行コード（改行を表す特定の制御文字）で実現されます。空行は「改行コード1つのみがある行」と定義できます。代表的な改行コードは「CR+LF」（Windows）と「LF」（Unix系OS、Mac OS X以降のmacOS）です。

3. CommonMarkにおける空行（blank line）の定義では、「半角スペース（またはタブ文字）のみが並び、最後に改行がある行」も空行です。

4. macOSの場合はreturn《リターン》キーです。

段落とは何か

デジタル大辞泉は「段落」を次のように定義しています[5]。

> 1 長い文章を内容などからいくつかに分けた区切り。形式的に、1字下げて書き始める一区切りをいうこともある。段。パラグラフ。
>
> 2 物事の区切り。切れ目。→ 一段落「陰と日向の一が確然(かっきり)して」〈漱石・三四郎〉

本書では段落を次のように定義します[6]。

> 長い文章を適当なところで区切ったものの、ひとまとまりの部分。**パラグラフ**と同じ。

パラグラフとは

パラグラフも英文における文章のひとまとまりです。パラグラフを「論理的なひとつの単位」とする方法論（パラグラフ・ライティング）もあります。本書では単に「日本語の段落に相当するもの」と定義します。

プレーンテキスト上の改行：電子メール流段落とワープロ流段落

　一般に、プレーンテキストで原稿を書く場合は、**改行**と段落の扱いにいくつかの流儀があります。奥村晴彦らによる解説書『LaTeX2ε 美文書作成入門』では、プレーンテキスト上の改行の扱いを次のように分類しています[7]。

- **電子メール流段落**（図4）
  - 行の長さが画面の幅を超えないように、適宜Enterキーを打つ。段落の区切りではEnterキーを続けて2回打ち、空行（空の行）を作る。段落の頭での字下げは通常しない
  - 例：インターネットの電子メールやネットニュース〈電子掲示板〉への書き込み
- **ワープロ流段落**（図5）
  - Enterキーを打つのは段落の区切りだけ。画面の右端に達しても、段落が改まらない限りEnterキーは打たない。段落の頭では通常1文字分の字下げをする
  - 例：DTP用の原稿をテキストファイルで入稿する際

---

5. 小学館: 段落 (ダンラク) とは - コトバンク. https://kotobank.jp/word/段落-564800. [参照: 2018年3月26日].

6. 段落の定義は諸説あるようです。本書では「段落の意味や使い方は、原稿筆者の判断に任せる」という立場をとります。

7. 奥村晴彦・黒木裕介: 改訂第6版 LaTeX 2e 美文書作成入門. 技術評論社, 2013.

図4: 電子メール流段落

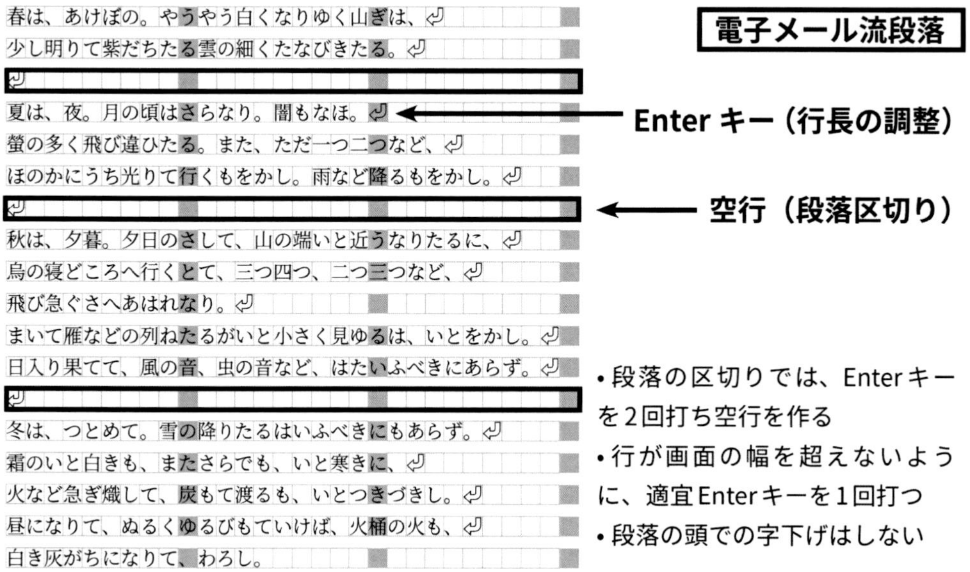

電子メール流段落

春は、あけぼの。やうやう白くなりゆく山ぎは、
少し明りて紫だちたる雲の細くたなびきたる。

夏は、夜。月の頃はさらなり。闇もなほ。 ← **Enterキー（行長の調整）**
螢の多く飛び違ひたる。また、ただ一つ二つなど、
ほのかにうち光りて行くもをかし。雨など降るもをかし。

← **空行（段落区切り）**

秋は、夕暮。夕日のさして、山の端いと近うなりたるに、
烏の寝どころへ行くとて、三つ四つ、二つ三つなど、
飛び急ぐさへあはれなり。
まいて雁などの列ねたるがいと小さく見ゆるは、いとをかし。
日入り果てて、風の音、虫の音など、はたいふべきにあらず。

冬は、つとめて。雪の降りたるはいふべきにもあらず。
霜のいと白きも、またさらでも、いと寒きに、
火など急ぎ熾して、炭もて渡るも、いとつきづきし。
昼になりて、ぬるくゆるびもていけば、火桶の火も、
白き灰がちになりて、わろし。

- 段落の区切りでは、Enterキーを2回打ち空行を作る
- 行が画面の幅を超えないように、適宜Enterキーを1回打つ
- 段落の頭での字下げはしない

図5: ワープロ流段落

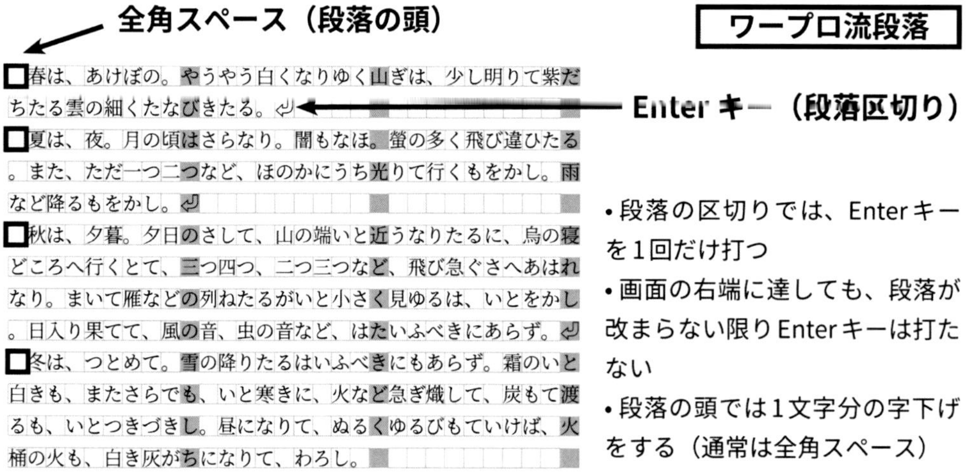

全角スペース（段落の頭）

ワープロ流段落

□春は、あけぼの。やうやう白くなりゆく山ぎは、少し明りて紫だ
ちたる雲の細くたなびきたる。 ← **Enterキー（段落区切り）**
□夏は、夜。月の頃はさらなり。闇もなほ。螢の多く飛び違ひたる
。また、ただ一つ二つなど、ほのかにうち光りて行くもをかし。雨
など降るもをかし。
□秋は、夕暮。夕日のさして、山の端いと近うなりたるに、烏の寝
どころへ行くとて、三つ四つ、二つ三つなど、飛び急ぐさへあはれ
なり。まいて雁などの列ねたるがいと小さく見ゆるは、いとをかし
。日入り果てて、風の音、虫の音など、はたいふべきにあらず。
□冬は、つとめて。雪の降りたるはいふべきにもあらず。霜のいと
白きも、またさらでも、いと寒きに、火など急ぎ熾して、炭もて渡
るも、いとつきづきし。昼になりて、ぬるくゆるびもていけば、火
桶の火も、白き灰がちになりて、わろし。

- 段落の区切りでは、Enterキーを1回だけ打つ
- 画面の右端に達しても、段落が改まらない限りEnterキーは打たない
- 段落の頭では1文字分の字下げをする（通常は全角スペース）

　電子メール流段落は、文字どおり電子メールで主流の形式です。Webサイトでもこちらの形式が多数派のようです。

　特に電子メール流段落は、Webサイトにおいて重要です。WebサイトはHTMLで構成されており、<p>という要素で段落（パラグラフ）を組みます。たとえば、HTMLファイルの中で「<p>こんにちは</p>」と書けば、ブラウザは「こんにちは」を段落として認識します。

　Webサイトの見た目をCSSなどで指定しなかった場合、主要なブラウザは既定のスタイルとして、<p>要素の内容を電子メール流段落で表示します。

一方でワープロ流段落は、小中学校の国語における「原稿用紙の使い方」でおなじみの形式です。小説をテキストエディタで執筆する方は、すでにワープロ流段落で原稿を書いている場合が多いでしょう。

Markdownは電子メール流段落が原則

本題に戻って、Markdownにおける段落の扱いを説明します。

Markdownは電子メール流段落が原則です[8]。多くの場合、Markdownでは**「空行で区切る」**ことで段落を作ります（ミニマム2）。

図6の例のように、段落の区切りではEnterキーを続けて2回打ちます。これで空行を作ることができます。そして空行で区切られた2つの文章の塊は、Markdownにおいて「段落」という扱いになります[9]。

図6: Markdownの段落は電子メール流が原則

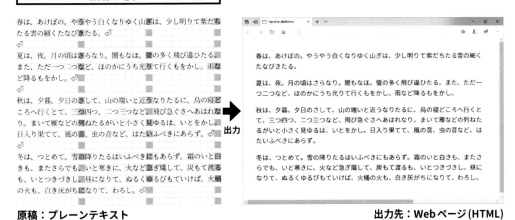

原稿：プレーンテキスト　　　　　　　　　　　　　　　　　　出力先：Webページ（HTML）

空行を2行以上続けた場合（Enter3回以上）は、空行1つ（Enter2回）と同じ結果になります。段落は「空行で区切られた文章のまとまり」として解釈されるためです。

この原則（**ミニマム2**）は重要です。なぜならMarkdownアプリの多数派が、この原則に従うからです。**ミニマム2**を知っておかないと、Markdownに関するあらゆる場面で「えっ、なんで改行できないの!?」とパニックに陥るかもしれません。

なぜMarkdownは電子メール流段落が原則なのか

HTMLとMarkdownとの関係は歴史的に重要です。MarkdownはもともとHTMLを生成するための記法だったからです。

米国のブロガーであるJohn Gruberは、Web上で記事を書くライターのためのツールとして

---

8. これはあくまでも「原則」ですので、「例外」もあります。あとの節で「ワープロ流段落に対応したMarkdownアプリ」も紹介します。
9. HTMLを理解しているならば、「Markdownの段落はHTMLの <p> 要素に対応する」と覚えてもかまいません。

第2章 ミニマム Markdown　　21

Markdown.plというプログラムを開発しました[10,11]。これがMarkdownの始まりです。

　GruberはMarkdownの記法を決める際に、英語圏における電子メールの作法を参考にしたと述べています。つまり〈原稿をメールのように書く〉という思想があります。たとえば「引用行を「>」で始める」という原則は、メールになじみのある方には直感的に分かりやすいでしょう。

　GruberのMarkdownは、〈プレーンテキスト原稿のままで読みやすい〉ことが設計上の意図とされています。そして〈「テキストエディタ上の原稿」と「ブラウザ上のWebページ」が、見た目に一致する〉という思想を重視しています。

　メールの作法では「読みやすいように適宜改行すること」も重要とされます。GruberのMarkdownでも同様に、原稿について「読みやすいように適宜改行すること」が推奨されます。

　一方、GruberはWebページ上の表示について、強制的に改行させることを推奨しません。代わりに引用記法（「>」で始める）やリスト記法（箇条書き、「-」または「*」で始める）をうまく使い、「美しいメールのような原稿」を書くように推奨します。

ミニマム2'：強制改行は「行末にスペース2つ」

　Markdownでは強制的に改行（**強制改行**）したい場合のために、あえて分かりにくい方法が用意されています。それが**「行末に半角スペース2つを打つ」**ことです。

　単なる改行だけでは、出力先で意図どおりに改行されない場合があります。このような場合は「行末に半角スペース2つ」を打つと、強制改行が挿入されます。この原則を**ミニマム2'**と名付けます[12]。

　Markdown文書で強制改行をする例は次のとおりです（半角スペースは表記上「␣」としています）。

```
吾輩は猫である。名前はまだ無い。␣␣
どこで生れたかとんと見当がつかぬ。
```

　出力例は次のとおりです。

```
吾輩は猫である。名前はまだ無い。
どこで生れたかとんと見当がつかぬ。
```

　すでに説明したとおり、GruberはMarkdownにおいて強制改行を推奨しません。その代わり強制改行をあえて「行末にスペース2つ」という、見た目に分かりにくい記法で定義しています。

　一方、HTMLには改行を表す要素として
が使用できます[13]。HTMLに慣れている人であれば、ソースコードに
とあれば「ここに改行がある」と一発で分かります。

10.J. Gruber: Daring Fireball: Markdown.https://daringfireball.net/projects/markdown/. [参照: 2018年3月26日].

11.Gruberは「Markdown」という語を「（Gruberによるオリジナルの）Markdownという名前の記法」と「Markdown.plという名前のプログラム」の両方の意味で使います。

12.CommonMarkでは「行末に半角スペース2つ」に加えて、「行末にバックスラッシュ（\）」でも強制改行を挿入できます。しかしこのルールは「CommonMark以外の採用例がない」と筆者が判断したため、本書では扱いません。

13.Markdown文書の上で「行末に半角スペース2つ」を打つと、HTMLでは実際に
として出力される場合が多いです。

しかしMarkdownでは、テキストエディタ側で「半角スペースを表示する」という設定をしない限り、 Markdown文書をぱっと読んで「ここに改行がある」かどうかは人間にとって非常に分かりにくいものです。

強制改行が必要な場合は、プレビューで注意深く確認しましょう。テキストエディタ側で「半角スペースを表示する」ように設定してもよいでしょう。

ワープロ流段落に対応したMarkdownアプリ

ミニマム2の「電子メール流段落」という原則は、あくまでも原則にすぎません。

Markdownアプリの中には、ワープロ流段落をそのまま使える場合もあります。また、既定の動作では電子メール流段落であっても、多くの場合にアプリの設定を変えることで、ワープロ流段落を実現できます[14]。

一方、既定でワープロ流段落とするMarkdownアプリもあります。次の2つはいずれも「和文小説の電子書籍（EPUB）を作る」場合を想定しており、ワープロ流段落を前提とします。

- でんでんコンバーター[15]
  - でんでんマークダウン[16]という記法が利用できます
- LeME（テキスト原稿の場合）[17]
  - LeME独自の（ほぼMarkdownに近い）記法が使えます

2.4 ミニマム3：ファイルの拡張子は「.md」

Markdown文書をPC上でファイルとして保存したものを**Markdownファイル**と呼びます。ミニマムMarkdown最後の原則は、このMarkdownファイルとして保存するときの拡張子に関するものです。

2018年現在では、Markdownファイルの拡張子は「.md」でおおよそ定着しているようです[18]。**Markdownファイルの拡張子は、特に理由が無い限り「.md」としましょう。**この原則を**ミニマム3**と呼びます。たとえばファイル名をgenkou.mdのように保存すると、多くのMarkdownアプリで「これはMarkdownファイルだ！」と認識してくれます。

ミニマム3にしたがって拡張子「.md」を付けておくと、WindowsやmacOS上でMarkdownファイルを扱うときに便利です。 Markdownに対応していないテキストエディタ（Windowsのメモ帳など）で読み書きするときでも、 Markdown文書の拡張子を「.md」としておくと見分けがつきやすいでしょう。

この**ミニマム3**は、今までの原則と比べると重要度は高くありません。ブラウザ上でMarkdown文書を直接編集する場合は、この原則を使わないこともあります。

---

14. 一部のMarkdownアプリでは、設定画面に「Hard line breaks」（強制改行）という項目があります。この設定を変えることで、ワープロ流段落の前提となる「既定動作としての強制改行」を実現できます。

15. イースト株式会社: 電書ちゃんのでんでんコンバーター.https://conv.denshochan.com/. [参照: 2018年3月20日].

16. イースト株式会社: 電書ちゃんのでんでんマークダウン.https://conv.denshochan.com/markdown. [参照: 2018年3月30日].

17. 理音伊織: LeME.https://leme.style/. [参照: 2018年3月30日].

18. Markdownが広まり始めた当初の拡張子は、「.text」「.mkd」「.markdown」など揺れがしばらくあったようです。

2.5 ミニマムMarkdownのまとめ

おさらいしましょう。ミニマムMarkdownは次の原則で成り立っています。特に**ミニマム1**と**ミニマム2**は重要な原則として頭に入れておきましょう。

- **ミニマム1**
    - プレーンテキストで書く
- **ミニマム2**
    - 段落は空行で区切る（電子メール流段落）

さらに実践的な原則として、次の2つを付け加えます。

- **ミニマム2'**
    - 強制改行は「行末にスペース2つ」
- **ミニマム3**（PC上のファイルとしてMarkdown文書を扱う場合のルール）
    - ファイル名の拡張子は「.md」

コラム：なぜ強制改行は「スペース2つ」なのか

ミニマム2'（強制改行は「行末にスペース2つ」）について、筆者の主観を交えて補足します。

なぜGruberは強制改行のために「スペース2つ」という分かりにくい記法を選んだのでしょうか。残念ながら、Gruber自身はその理由を明確に語っていません。

筆者の推測としては、〈原稿をメールのように書く〉と〈「テキストエディタ上の原稿」と「ブラウザ上のWebページ」が、見た目に一致する〉という2つの思想から、「スペース2つ」の理由が説明できると考えられます。

まず〈原稿をメールのように書く〉という思想から、「改行は原稿上の見た目を整えるために使う」という原則が導かれます。Gruberにとって、改行はあくまでも「筆者にとって原稿を読みやすくするためもの」であるようです。

たとえば、プレーンテキストで書かれて送信されたメールは、同じプレーンテキストとして相手に届きます。このとき、メールの送信者は改行を「原稿上の見た目を整える」ために使います。メールの編集画面でEnterキーを1回押せば、それは見た目上でも改行（強制改行）として画面に反映されます[19]。

しかし、ブラウザ上のWebページは、メールと話が違います。なぜならブラウザにおける改行の扱いは複雑だからです。一般にブラウザは、端末（PC・タブレット・スマートフォンなど）によってウィンドウサイズがバラバラです。スタイルの設定によっても、表示が臨機応変に変わります。

多くのブラウザは、Webページを表示するときに「ウィンドウの状況や設定などに応じて自動的に改行する」動作を既定とします[20]。あえてEnterキーだけに依存しない形で改行を実現できるほうが、Webページでは好都合なのです。実際に、HTMLファイルにおける改行（Enterキー1回）は、ブラウザ上のWebページでは単なる「空白文字」として解釈されます。

このような背景があるため、GruberのMarkdownでは、Markdown文書上での強制改行が推奨されないのでしょう。

ただし、強制改行が一切できないと、実用的には不便です。実際には、GruberはMarkdownにおいて、「見えない記号」（すなわちスペース2つ）に強制改行を割り当てています。筆者の意見としては、この「見えない記号」によって、もう一つの思想〈「テキストエディタ上の原稿」と「ブラウザ上のWebページ」が、見た目に一致する〉を忠実に守る形で強制改行が実現できていると考えられます。

先ほどの「我輩は猫である」の例を再掲します。

- Markdown文書：
    吾輩は猫である。名前はまだ無い。␣␣
    どこで生れたかとんと見当がつかぬ。
- 出力例：
    吾輩は猫である。名前はまだ無い。
    どこで生れたかとんと見当がつかぬ。

原稿上の強制改行「␣␣」（すなわち「名前はまだ無い。」の後ろ）の箇所で、出力例でも実際に改行されています。つまり、両者の見た目が一致しています。

筆者は技術文書やブログ記事をよく書きます。それらは「強制改行をまったく使わない」スタイルで仕上げることも多いです。Markdownの思想をよく理解し適切な記法を選んで書くと、自然とMarkdown文書は「書きやすく、読みやすい」ものになるでしょう。

19.「Enterキーを押した箇所で、見た目上でも改行される」場合の改行を、英語ではhard wrap（ハードラップ）と呼びます。本書では、hard wrapのことを強制改行と呼んでいます。
20.「ウィンドウの状況や設定などに応じて、自動的に改行される」場合の改行を、英語ではsoft wrap（ソフトラップ）と呼びます。

とはいえ「強制改行をまったく使わない」という縛りも実際には不便ですので、強制改行は必要に応じて使えばよいと筆者は考えます。

コラム：文芸作品とMarkdownの相性

テキスト系の創作を中心とする文芸作者にとっても、Markdownの知識があれば創作の幅は広がるでしょう。特に電子書籍制作のために、でんでんコンバーターやLeMEなどを使う際に役立つはずです。

すでに説明したとおり、Markdownには「段落は空行で区切る」（ミニマム2、電子メール流段落）という原則があります。でんでんコンバーターとLeMEはミニマム2の例外（ワープロ流段落）ですが、その他のMarkdownアプリは電子メール流段落が多数派です。

しかし、小説をはじめとした文芸作品では、段落や空白の使い方に重要な意味を持たせる場合があります。文芸作者にとって、「段落と空白の自由」をあえて縛るミニマム2の原則はきわめて窮屈かもしれません。

筆者の意見としては、**一般論としては**Markdownは文芸作品とあまり相性がよくないと思われます。そのため、段落・空白にこだわりのある文芸作者は、無理にミニマム2に従う必要はないと筆者は考えます。ブログや電子書籍制作といった目的に特化して、「でんでんマークダウン」「LeMEのテキスト記法」などを覚えて使うことをお勧めします。

むしろ、「Markdownを使わない」ことを選択肢に入れるべきでしょう。その代わりに、「プレーンテキストで原稿を書く」（ミニマム1）ことも選択肢に入れてみてください。なぜなら、プレーンテキストは執筆の軽快さと加工への汎用性を兼ねそえており、ファイル形式として寿命が長くなると考えられるからです。

たとえば、青空文庫は主たる形式としてテキストファイルを扱っています。その利点や将来性について、大久保ゆう氏は次のように述べています[21]。

テキストファイルであるがゆえに、加工や変換がしやすく、発展への道が付けやすかったという点もあるだろう。それは逆に、作業する側にも特定のコンピューター環境に依存せずに済むという利点があった。ある意味では、基礎的なものを徹底しながら、それぞれの時代へ適応してその厳密性・交換性を高めていったともいえるだろう。

（中略）結果として振り返れば、どのようなリッチな電子書籍フォーマットよりも、テキストファイルこそが時代を切り開いていった。このレガシーなファイルフォーマットには、青空文庫がそのたびごとに驚いてきたように、まだまだ誰も気づいていない未来があるのかもしれない。

筆者としては、文芸作品の執筆において次のようなスタイルを推奨します。
・テキストエディタを使って、プレーンテキスト（.txt）で原稿を書く
・形式は自身のポリシーや各種投稿先の指示に従う

可能であれば、一度はMarkdownで小さな原稿を書いてみて、いくつかのMarkdownアプリを試すとよいでしょう。その上で「あえてMarkdownを使わない」という選択をするのは妥当だと筆者は考えます。

---

21. 大久保ゆう: 青空文庫から.txtファイルの未来へ：パブリックドメインと電子テキストの20年. 情報管理. 国立研究開発法人 科学技術振興機構, 829 - 838, 59(12). 2016.

第3章 Markdownで書いてみよう

本章ではミニマムMarkdownの実例にしたがい、実際にテキストエディタを使ってMarkdown文書を書く練習をしていきます。

あなたも実際に手を動かしてみましょう。

3.1 Markdown専用エディタをインストールしよう

Markdownに特化したテキストエディタ（Markdown専用エディタ）は、いくつかの便利な機能を備えています。

- リアルタイムでのプレビュー
  - 出力結果の見た目をすぐにチェックできる
- Markdownに欠かせない記号や空白の入力補助
  - 半角記号や半角スペースをたくさん押さずに済む
- PDFやHTMLなどへの出力機能

エンジニアに人気のある高機能テキストエディタ（Atom、Visual Studio Codeなど）では、プラグインによって上記の便利な機能を追加することも可能です（本書では説明を割愛します）。

一方で、Markdownに対応していないテキストエディタでも、Markdownで原稿が書けます。Markdownの原則をしっかり覚えれば、あらゆる環境でMarkdownによる執筆が可能になります。

初心者向けには、プレビュー画面で細かい間違いに気付きやすいMarkdown専用エディタをお勧めします。本章ではまずMarkdown専用エディタに慣れていきましょう。

初心者にお勧めのMarkdown専用エディタ

PCを使ってこれからMarkdownに入門する方は、次のMarkdown専用エディタがお勧めです。

- Windows向け
  - MarkdownPad[1]（図7、基本機能は無料）
- macOS向け
  - MacDown[2]（図8、無料）

1.http://markdownpad.com/　MarkdownPad Pro（$14.95）にアップグレードすると、PDF出力機能や各種Markdown方言対応など実用的な機能が使えます。

2.https://macdown.uranusjr.com/　MacDownは、先発のMarkdown専用エディタ「Mou」（http://25.io/mou/）の影響を大きく受けたオープンソースソフトウェアです。MouとMacDownは別物とされていますが、基本的な機能や画面に違いがあまりありません。初心者はMacDownを使えばよいでしょう。

図7: MarkdownPad（Windows向け）

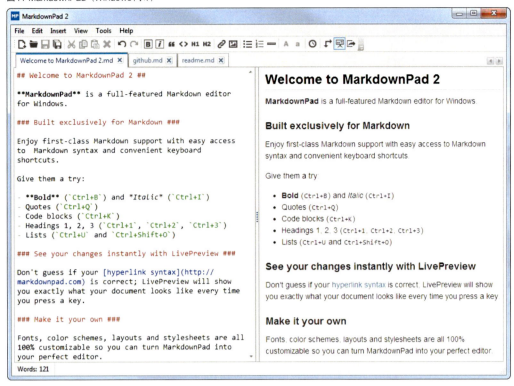

図8: MacDown（macOS向け）

第5章では「Typora（タイポラ）」というMarkdown専用エディタも紹介します。Typoraは多少"くせ"の

第3章 Markdownで書いてみよう　　27

ある画面を持っているため、入門用にはあまり適しません。しかし書き心地が良く、機能が充実しています。実際にMarkdownで執筆する段階では、筆者はTyporaをお勧めします。

このようにMarkdownアプリは有料・無料を問わず、さまざまな選択肢があります。iOS・Androidアプリにも、Markdown専用エディタは豊富にあります（第6章を参照）。ぜひご自身で「Markdownエディタ」「Markdownアプリ」などでWeb検索して、お気に入りのアプリを探してみてください。

Markdown専用エディタを使ってみよう

Markdown専用エディタについてもう少し説明します。

MarkdownPadとMacDownは、非常に似た画面を持っています（図9）。以下、MarkdownPadを例にして説明します（MacDownの場合も基本的な使い方は同じです）。

MarkdownPadは「左に編集画面（テキストエディタ）」「右にプレビュー画面（出力のイメージ）」というレイアウトをもつMarkdown専用エディタです。（macOS向けの）MacDownも同じレイアウトを持ちます。本書ではMarkdownPadを例にして説明します。

MarkdownPadのインストール手順は付録「アプリのインストール・設定方法」を参照してください。インストール作業が難しい場合は、ブラウザで動くMarkdown専用アプリ「esa」もご検討ください（章末のコラムを参照）。

図9: Markdown Pad 2の画面構成

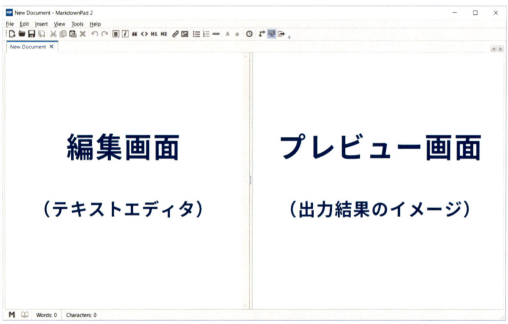

- 左側：編集画面
    - 普通のテキストエディタと同じ
    - Markdown文書をプレーンテキストとして書いていく
- 右側：プレビュー画面

- 入力した原稿がブラウザやPDFなどでどのように表示・出力されるか（プレビュー）を確かめるための画面
- プレビューはあくまでも「目安」あるいは「仮の見た目」。実際の出力はプレビュー画面と異なる場合もある

ためしに、左側の編集画面（テキストエディタ）に「こんにちは」と打ってみましょう（図10）。

図10: 左側の編集画面に「こんにちは」と打ってみた

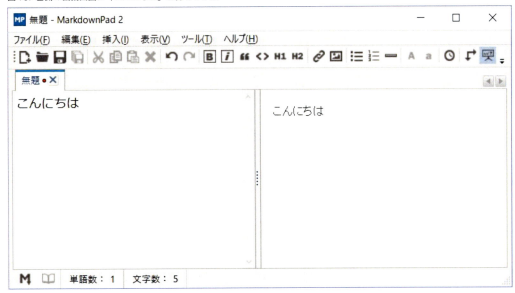

どうなりましたか？ ……おそらく、右側にも「こんにちは」と出たはずです。ただし、少し書体（フォント）が違うかもしれません。

次に、「こんにちは」を「#␣こんにちは」に変えてみてください。**「#」は半角のハッシュ記号**[3]、**「␣」は半角スペースです。** 慣れるまで面倒ですが、「半角」であることも「スペース」であることもMarkdownでは重要です。

「#␣」を行頭に付けることで、**「この行は見出しである」**という書式の指示をMarkdownアプリに対して与えることができます。詳しくは第4章で説明します。

実際に試してみると、同じ「こんにちは」という文字でも、左側はほんのり色が付き、右側は太字かつ大きい文字になったはずです（図11）。つまり、Markdownアプリがきちんと**「この行は見出しである」**と認識してくれた、ということです。

---

3. 「#」はハッシュタグのハッシュと同じです。日本語変換をオフにして日本語（JIS）キーボードの「3」をShiftキーとともに押せば入力できます。日本語変換をオンにして出てくる全角のハッシュ記号「＃」や音楽記号のシャープ「♯」（傾きに注意）とは異なります。

図11: 左側の編集画面を「＃こんにちは」に変更してみた

一般に、MarkdownPadのような左右2画面タイプのMarkdown専用エディタは、次のようなしくみになっています。

・左側（編集画面）に打った原稿（テキスト）は、右側（プレビュー画面）に何らかの形で出てくる
・左側でMarkdownを使って書式を指示すれば、右側ではその書式の指示が反映される

今度はあえて、間違った例を試してみましょう。

日本語入力をオンにして、わざと左側の原稿を「＃こんにちは」に変えてみましょう。次のポイントに注意してください。

・「#」はわざと**全角**に書き換える（#→＃）
・「#」と「こんにちは」の間にあった半角スペース「_」は、わざと**削除**する

右側のプレビュー画面はどうなったでしょうか？　……右側は太字でも大きい文字でもなく、ただの「＃こんにちは」になってしまいました（図12）。

図12: 左側の編集画面：間違った例

このように機械（PC、スマートフォンのアプリ）に対してMarkdownによる指示を理解させるには、「半角」「スペース」のような細かいルールに従う必要があります。Markdownに慣れることは、「機械の気持ちに寄りそう」ことと同じです。機械は空気を読んでくれないので、異文化コミュニケーションを試みましょう。

Markdownと仲良くなろう

Markdownで原稿を書くには、とにかく練習が必要です。そして**プレビュー画面を見て、記法に誤りがないかどうかをひとつずつ確かめる**ことが重要です。相手は機械です。Markdownの記法を間違えたところで、Markdownアプリやテキストエディタの上では誰も迷惑はしません。何度も間違えて、何度も修正して覚えていきましょう。

ただし、最初から「この原稿は人間しか読まない」「最終的に人間が手修正する」という前提があるなら、もう少しルーズに書いてもよいかもしれません。むしろ**下書き時点ではルーズに書いて、あとで修正してもよいのです。**この「下書きはルーズに書く」「清書できちんと書き直す」という原則は重要ですので、あとの章であらためて紹介します。

3.2 ミニマムMarkdownで書いてみよう

より具体的な例でミニマムMarkdownへの理解を深めましょう。
ここで、ミニマムMarkdownの原則をもう一度確認しましょう。

- ミニマム1
  - プレーンテキストで書く
- ミニマム2

－段落は空行で区切る（電子メール流段落）

以下では例文として、清少納言『枕草子』の「春はあけぼの」を、いくつかのスタイルで書いたものを紹介します。

例1：ミニマムMarkdownにしたがっている場合

まずは正しい例をご覧ください。
・プレーンテキストで書いたものです（**ミニマム1**）
・電子メール流段落となるように段落ごとに空行を入れています（**ミニマム2**）

春は、あけぼの。やうやう白くなりゆく山ぎは、少し明りて紫だちたる雲の細くたなびきたる。

夏は、夜。月の頃はさらなり。闇もなほ。螢の多く飛び違ひたる。また、ただ一つ二つなど、ほのかにうち光りて行くもをかし。雨など降るもをかし。

秋は、夕暮。夕日のさして、山の端いと近うなりたるに、烏の寝どころへ行くとて、三つ四つ、二つ三つなど、飛び急ぐさへあはれなり。まいて雁などの列ねたるがいと小さく見ゆるは、いとをかし。日入り果てて、風の音、虫の音など、はたいふべきにあらず。

冬は、つとめて。雪の降りたるはいふべきにもあらず。霜のいと白きも、またさらでも、いと寒きに、火など急ぎ熾して、炭もて渡るも、いとつきづきし。昼になりて、ぬるくゆるびもていけば、火桶の火も、白き灰がちになりて、わろし。

MarkdownPadでは図13のように表示されます。

図13: 例1：ミニマムMarkdownにしたがっている場合（MarkdownPadで表示）

例2：ミニマム1「プレーンテキストで書く」に反している場合

次に、例1と同じテキストをWordの上で書いてみます。図14を見てください。これはプレーンテキストではないので、**ミニマム1「プレーンテキストで書く」に反しています。**

図14: 例2：ミニマム1「プレーンテキストで書く」に反している場合（Wordで表示）

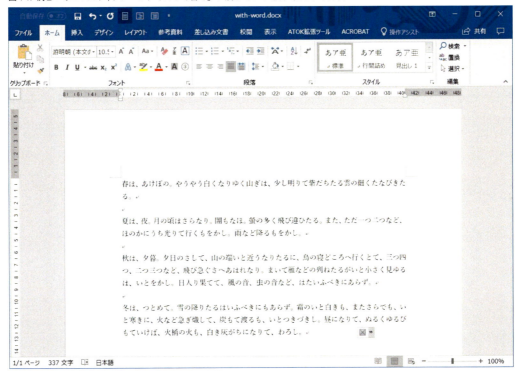

ただし図15のように、このWord上のテキストをWindowsのメモ帳にコピー＆ペーストすると、プレーンテキストへ変換されるため**ミニマム1**に適合します。

図15: 例2：ミニマム1「プレーンテキストで書く」に適合した例（Wordからメモ帳にコピー＆ペーストしたもの）

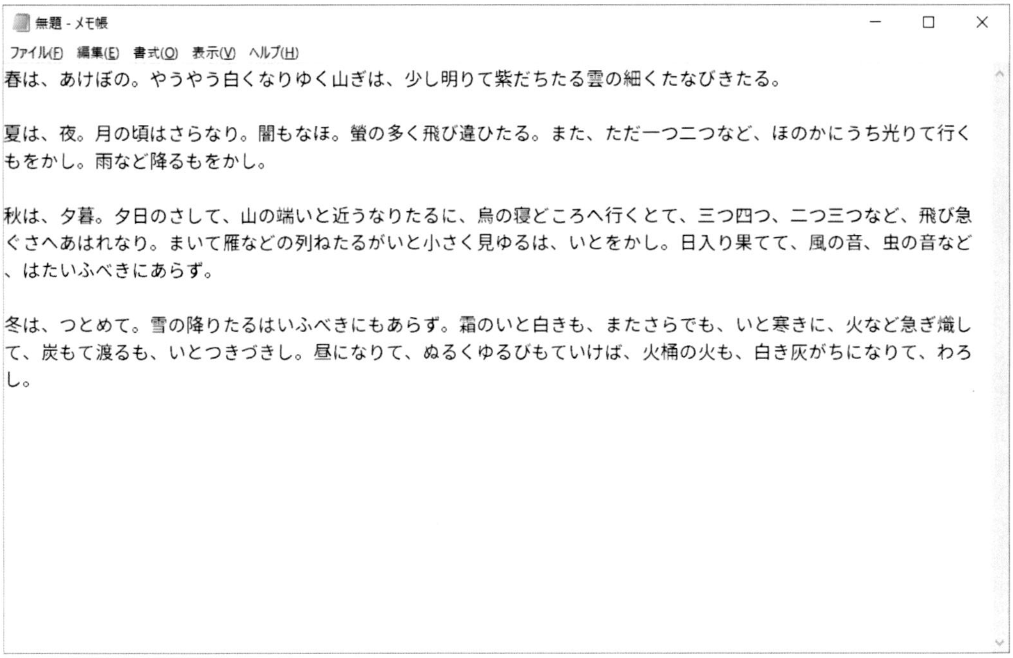

```
無題 - メモ帳                                                    —    □    ×
ファイル(F)  編集(E)  書式(O)  表示(V)  ヘルプ(H)
春は、あけぼの。やうやう白くなりゆく山ぎは、少し明りて紫だちたる雲の細くたなびきたる。

夏は、夜。月の頃はさらなり。闇もなほ。螢の多く飛び違ひたる。また、ただ一つ二つなど、ほのかにうち光りて行く
もをかし。雨など降るもをかし。

秋は、夕暮。夕日のさして、山の端いと近うなりたるに、烏の寝どころへ行くとて、三つ四つ、二つ三つなど、飛び急
ぐさへあはれなり。まいて雁などの列ねたるがいと小さく見ゆるは、いとをかし。日入り果てて、風の音、虫の音など
、はたいふべきにあらず。

冬は、つとめて。雪の降りたるはいふべきにもあらず。霜のいと白きも、またさらでも、いと寒きに、火など急ぎ熾し
て、炭もて渡るも、いとつきづきし。昼になりて、ぬるくゆるびもていけば、火桶の火も、白き灰がちになりて、わろ
し。
```

例3：ミニマム2「段落は改行で区切る」に反している場合

　次の例は、例1と同じようにプレーンテキストで書いたものです。段落の行頭に全角スペースを入れてワープロ流段落にしてみます。

　Markdownアプリでは、ワープロ流段落だと正しく段落が表示されないことも多いです。

> 　春は、あけぼの。やうやう白くなりゆく山ぎは、少し明りて紫だちたる雲の細くたなびきたる。
> 　夏は、夜。月の頃はさらなり。闇もなほ。螢の多く飛び違ひたる。また、ただ一つ二つなど、ほのかにうち光りて行くもをかし。雨など降るもをかし。
> 　秋は、夕暮。夕日のさして、山の端いと近うなりたるに、烏の寝どころへ行くとて、三つ四つ、二つ三つなど、飛び急ぐさへあはれなり。まいて雁などの列ねたるがいと小さく見ゆるは、いとをかし。日入り果てて、風の音、虫の音など、はたいふべきにあらず。
> 　冬は、つとめて。雪の降りたるはいふべきにもあらず。霜のいと白きも、またさらでも、いと寒きに、火など急ぎ熾して、炭もて渡るも、いとつきづきし。昼になりて、ぬるくゆるびもていけば、火桶の火も、白き灰がちになりて、わろし。

　これをMarkdownPadで見てみると、図16のようになります[4]。

4.MarkdownPadでは和文の表示に問題があり、左側の編集画面で行頭の全角スペースが表示されないように見えます。行頭でカーソルを左右に動かすと、全角スペースの存在を確認できます。

34　　第3章 Markdownで書いてみよう

図16: 例3:「段落は改行で区切る」に反している場合（MarkdownPadで表示）

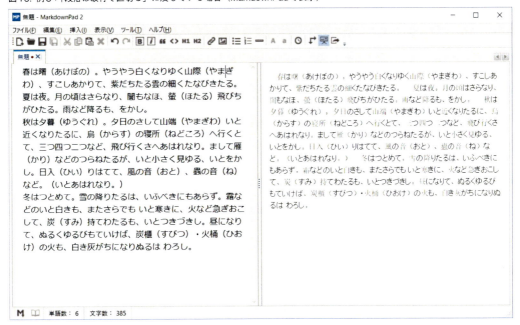

　プレビュー画面では、最初の段落だけは期待どおりに全角スペースでワープロ流段落が作られています。しかし、改行が反映されないため、すべてが1つの塊（1つのワープロ流段落）になってしまいました。

　ここでクイズです。このようにプレビュー画面上で改行が反映されないとき、どうすればよいでしょうか？　……ヒントは**ミニマム2**「段落は空行で区切る」です。

　正解は「**それぞれの段落の末尾で、もう1回改行（Enterキー）を入れる**」です。ワープロ流段落に対応しないMarkdownアプリで改行を反映させるには、段落を空行で区切れば、ひとまず改行はプレビュー画面上で反映できます。このように修正すると、図17のようにワープロ流段落（風）のプレビュー画面が得られるでしょう[5]。

---

[5] ミニマム2'にしたがって「段落ごとにスペース2つ（強制改行）を入れる」という方法もありますが、第2章コラム（なぜ強制改行は「スペース2つ」なのか）に示した理由で推奨されません。

図17: 例3：ミニマム2「段落は改行で区切る」にしたがい、段落を修正した場合（MarkdownPadで表示）

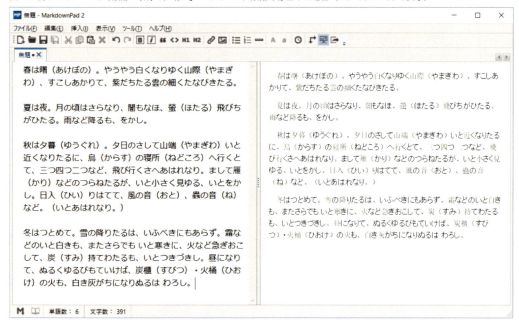

ただし、この状態では各段落の行頭に全角スペースが入ったままです。厳密には、電子メール流段落ともワープロ流段落とも言えない中途半端な形式です。完全な電子メール流段落に書き換えるには、各段落行頭の全角スペースも削除する必要があります。

コラム：Webアプリ「esa」の勧め

　ブラウザ上で動くWebアプリでも、Markdownに対応したものは数多くあります。その中でも「esa」[6]というWebアプリは、使いやすく初心者にもお勧めできるので紹介します。

esaのトップページ

esaは「情報を育てる」というコンセプトに基づいたMarkdownメモアプリです。
　利用開始から2ヵ月後の月末までは無料で試用できます[7]。MarkdownPadやMacDownと同様に、「左側に編集画面、右側にプレビュー画面」という画面構成です。

esaのMarkdownエディタ

　esaはシンプルながらも「柔軟なカテゴリー設定」「各種サービスとの連係機能」「WIP（書いている途中で保存・公開する）機能」「スライドショー機能」など実用面でも役に立つしくみが豊富です。また、esaで書かれたメモは原則として自分（または同じチーム内のメンバー）のみが閲覧できますが、必要に応じてメモごとに外部公開も可能です。
　筆者はesaのコンセプトが好きです。esaのトップページには次のフレーズがあります。

最初から完璧なものなんてない。 esaは情報の一生を見守りたい。

　サービス自体も次のような思想に基づいています。
・Share: とりあえず不完全でも公開
・Develop: そのあと何度も更新して情報を育てる
・Archive: 情報が育ったらきちんと整理
　読者のあなたも、ぜひ「不完全でも書いていい」という気持ちでMarkdownを練習してみてください。

---

6. https://esa.io/
7. 試用期間後は毎月1人500円（税込）が必要です。試用期間のまま放置しても、勝手に課金されることがないので安心です。

第4章 きほんのMarkdown

図18: きほんの Markdown（注：「␣」は半角スペース）

ルール	記法1	記法2	出力例
きほん1	**太字**		**太字**
きほん2	#␣見出し1	見出し1 ======	見出し1
	##␣見出し2	見出し2 ------	見出し2
きほん3	[リンク](http://a.com)	[リンク][label] [label]:␣http://a.com	リンク
きほん3'	<http://a.com>		http://a.com
きほん4		![代替テキスト](a.png)	M↓
きほん5	>␣引用		▌引用
きほん6	*␣箇条書き *␣箇条書き	-␣箇条書き -␣箇条書き	• 箇条書き • 箇条書き
きほん7	1.␣いち 2.␣に	1)␣いち 2)␣に	1. いち 2. に
きほん8（水平線）	---	*␣*␣*	————————
きほん9（コード）	\`code（等幅）\`		code（等幅）
きほん10 （コードブロック）	\`\`\` code 等幅 \`\`\`	␣␣␣␣code ␣␣␣␣等幅	code 等幅

　図18のような記法を、本書では「**きほんのMarkdown**」と名付けます[1]。 図18の凡例は次のとおりです（記法1と記法2はどちらも同等に正しい記法です）。

記法1：比較的よく使われる記法（まずはこれを覚えましょう）
記法2：記法1と同じ出力が得られるもうひとつの記法
出力例：プレビュー画面やHTML上での出力例（環境によって出力は微妙に変わります）

---

1. この「きほんの Markdown」は、CommonMark 公式サイトの「LEARN MARKDOWN IN 60 SECONDS（http://commonmark.org/help/）を元にしました。

ここにある記法のほとんどは、どのMarkdownアプリでも使えるはずです。ただし、この表にはないコツや落とし穴がいくつかあるので、これから1つずつ解説していきます。

すべてを一気に覚える必要はありません。たとえば、見出し（きほん2）を覚えるだけでも、Markdownは便利に使えます。

ゆっくり丁寧に、1つずつ学んでいきましょう。 Markdownで原稿を書いている途中でも、忘れたら何度でも図18を見ましょう。

4.1 きほん1：太字

太字は、テキスト（本章では単語やフレーズなど、文章の一部分）を強調するときに使います。半角のアスタリスク2個「**」で強調したいテキストを囲むことで太字になります（**太字記法**）。

例

Markdown文書では次のように書きます。

```
**太字**だよ
```

出力例は「**太字**だよ」のようになります。

補足：斜体について

Markdownをすでに知っている方は、「斜体（あるいは強調）は「*」で囲む」と覚えているかもしれません。つまり「*斜体*」という記法のことです。
実際に、本来のCommonMarkでは「*」（アスタリスク1個）でテキストを囲むことを「強調（emphasis）」と呼び、少なくとも欧文は斜体（*italic*）として表示されます。同様に「**」でテキストを囲むことを「強い強調（strong）」と呼び、**太字（bold）**として表示されます。

ただし（PC上で使える）一般的な和文フォントには、適切にデザインされた斜め文字が用意されていないことがほとんどです。斜め文字でない文字に対して無理に「斜体」指定をすると、文字のデザインが狂ってしまいます[2]。

和文中心の文章を書く方には、テキストの強調のために「*斜体*」ではなく「**太字**」を使うことを推奨します。ただし、斜体に特別な意味を持たせるような文章（特に欧文）を頻繁に扱う方は、用法を十分理解した上で「*斜体*」を強調として使ってもよいでしょう。

4.2 きほん2：見出し

実用文では、文章の構造が重要となります。たとえば、次のような構造が考えられます。
・対象となるテーマについて説明する

---

2. 清水隆・川月現大:デジタルテキスト編集必携 ［基本編］. 翔泳社. 2012.

・そのテーマにおける問題点に焦点を当てる

・その問題点に対して解決策を提示する

何かしらの構造を持っている文章では、構造全体を示したものが**目次**となり、目次の項目はそれぞれ**見出し**になります[3]。

実用文において見出しは重要です。読者に対して「これから何について書くか」を簡潔に伝え、文章構成を明確にする手段となるからです。

また小説では、「物語の中でのシーンの変化」「場面転換」や読者にとっての「息継ぎ」のために、何らかの区切りを入れる場合があるでしょう。見出し（および後述の**きほん8**「水平線」）は、このような「シーン変化」「場面転換」「息継ぎ」のための道具として使えるかもしれません。

見出し記法

見出し記法は、大きく分けて2つあります（図19を参照）。

図19: きほん2：見出し

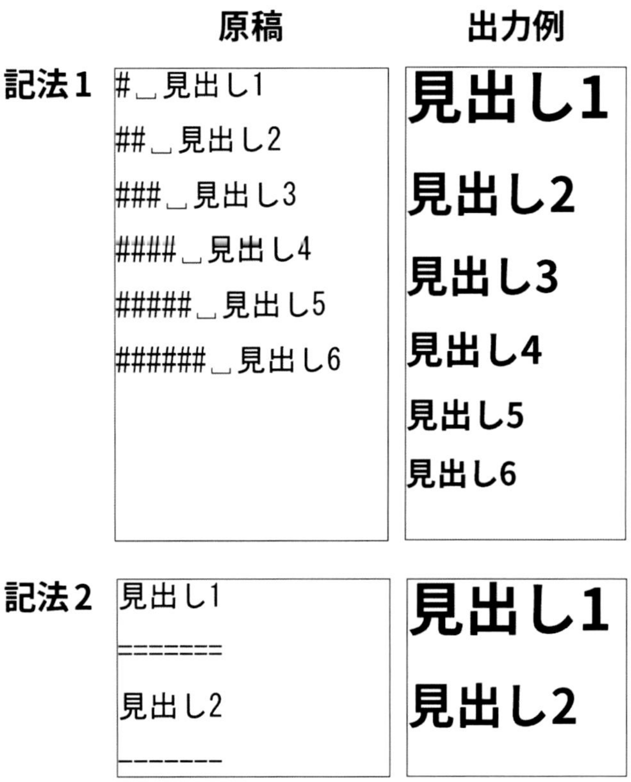

---

3. 清水隆・川月現大:デジタルテキスト編集必携［基本編］. 翔泳社. 2012.

40 　第4章 きほんの Markdown

記法1

　1つ目の記法は「#」（半角のハッシュ記号）を1〜6個並べる方法です[4]。次の1〜3を**改行せずに続けて書きます**。

　1．「#」を1〜6個並べる[5]
　2．その後ろに**半角スペース「␣」を打つ**
　3．その後ろに見出しのテキストを書く

　たとえば「#␣見出し」や「##␣見出し」のように書きます。

　「#」の数は、少なければ少ないほど「重要な見出し」となります。つまり「#␣」で始まる見出しが最も重要な見出しです。この「#」見出しが、実際には「文章のタイトル」あるいは「大見出し」などの意味合いになることも多いです（後述）。

　「#」を並べた数を**見出しレベル**（見出しの重要度）と呼ぶことにします。見出しレベルは「1」から始まり、「1」は「もっとも重要な見出し」という意味になります。見出しレベルの数字が「2、3、4、……」と大きくなるほど、重要度が低くなります。

　見出しレベルの数字を使って、#␣の見出しを「**見出し1**」、##␣の見出しを「**見出し2**」、……、######␣の見出しを「**見出し6**」と名前が付けることにします。

半角スペースは重要

　記法1において、〈**半角スペース「␣」を打つ**〉というルールは重要です。「#␣見出し」と書くときに、半角スペース「␣」を入れる必要があります。

　「#見出し」のように**半角スペースを入れ忘れると、多くのMarkdownアプリで「見出し」であると認識されなくなります**。筆者の経験談として、プレビュー画面で見出しの出力がおかしくなっている場合は、たいてい「入れるべき半角スペースを入れ忘れた」ケースが多いです。

　ただし一部のMarkdownアプリでは、半角スペースを入れなくても「見出し」であると認識される場合もあります。たとえば、でんでんマークダウンでは、「#見出し」のように半角スペースを入れない場合でもきちんと「見出し」として認識されます。

　残念ながら、今使っているMarkdownアプリが「どちらの流派か」を見分けるには、実際にプレビュー画面を見ながら試してみるしかありません。まずは「**必要な場所に半角スペースを打つ**」という原則を頭にしっかりたたき込みましょう。その上で、徐々にMarkdownへ慣れていく段階で、「ためしに半角スペースを抜いてみる」という冒険をするとよいでしょう。

記法2

　話を戻します。もう一つの見出し記法を紹介しましょう。それが「見出しとなるテキストを書き、次の行に半角イコール「=」（見出し1）または半角ハイフン「-」（見出し2）を1つ以上並べる」という方法です[6]。

---

4. この記法1は、別名「ATX見出し（ATX heading）」と呼ばれます。 atx（http://www.aaronsw.com/2002/atx/intro）という軽量マークアップ言語でこの記法が使われていたことが由来です。

5. 多くのMarkdownアプリでは、「#」を7個以上並べたもの（「#######␣」など）は無効になります。

6. この記法2は、別名「setext見出し（setext header）」と呼ばれます。 setext（http://docutils.sourceforge.net/mirror/setext.html）という軽量マークアップ言語でこの記法が使われていたことが由来です。

つまり次のように書きます。

```
見出し1
=======

見出し2
-------
```

「=」や「-」は、見出しテキストの直下に1つ以上打っていれば、いくつ並べてもかまいません。ただし記法1とは違い、**記法2による見出しの前後には空行を入れる必要があります**[7]。空行についての詳細は、本章のコラム「ブロック要素とインライン要素」をご覧ください。

　記法2の利点は、Markdown文書の時点においてぱっと見でわかりやすいことです。下線を引いたような見た目となるからです。一方、記法2の欠点はいくつかあります。

- ・見出しレベルの変更が煩雑になる
- ・見出し3〜6では利用できない（記法1を使うしかない）
- ・タイプ数が多い
- ・見出し2の場合、「---」という記法が水平線記法（**きほん8**）と競合することがある

　たとえば「変更が少ない大見出し（タイトル）は記法2で、それ以外の見出しは記法1で」という方針であれば、それぞれの記法の良さを活かしやすいと筆者は考えます。

見出しの意味付け

　Markdownにおける見出しの原則は、「見出しレベルが小さいほど見出しの重要度が高い」ということでした。しかし残念なことに、**具体的に「どの見出しレベルを使えばよいか」については、一般論としては決まっていません**。「見出し記法と実際の出力（見た目）との対応」は、実際に使用するMarkdownアプリへ依存します。

　ここでは、一般的なMarkdown文書の執筆において、次のような考え方を筆者は提案します。

Markdownによる執筆作業を、下書き段階と清書段階の2段階に分ける

つまり、執筆作業を次の2段階へ分けて考えます。

- ・**下書き段階**
  - －原稿の元となるメモや資料を集めたり、原稿を書き始めたりする段階
  - －あらゆる端末やアプリ・Webサービスを使って、文章やその断片を書いて膨らませる
  - －ある程度ルーズに記法を使ってもよい
- ・**清書段階**
  - －原稿を目的の媒体・出力形式向けに仕上げる段階
  - －誤りのない原稿に仕上げ、見た目を整える

---

7. ファイルの1行目からいきなり記法2の見出しを入れる場合は、空行なしでいきなり見出し1行目（例のテキスト「見出し1」「見出し2」の部分）から書いてもかまいません。

– Markdown アプリを使って表示・出力する場合は、そのアプリの記法へ厳密に従う

この考え方を元にして、見出しの意味付けについて説明します。

下書き段階における見出し

下書き段階では、各々が好きなように見出しを付けてかまいません。 普段から Markdown を使っている人は、慣れている形式で「マイルール」を 1 つ決めておくとよいでしょう。

とはいっても、初心者にとっては「好きなように」といわれても困るでしょう。こだわりがない場合は、あとの清書段階で使う Markdown アプリを 1 つ決めて、下書き段階からその流儀に合わせると便利です。

たとえば「普段ははてなブログでブログを書いている」「まだ何も使っていないけど、でんでんコンバーターで電子書籍を作りたい」などの場合は、それらの Web サービスでの記法をあらかじめ調べましょう。個人的には、試しに小さな記事・作品を 1 つ作るのがお勧めです。その流儀に合わせて原稿を書き溜めておくと、実際に Markdown で清書する際に移行が楽になります。

特に目的の Markdown アプリがない方や、さまざまな目的に下書きを使い回したい方は、筆者が「汎用のメモ書き」用として実践している次の流儀をお勧めします。

```
# （見出し1）：タイトル・大見出し（その文章全体の要約）
    －文章の1行目に書く。Markdown 文書全体で1つのみ。それ以外では使わない
## （見出し2）：中見出し（文章の塊1つの要約）
### （見出し3）：小見出し。中見出しより小さな、文章の塊1つの要約
```

清書段階における見出し

清書段階では、それぞれの Markdown アプリに合わせて見出しレベルを変える必要があります。繰り返しになりますが、見出しの意味付けに関する一般的なルールはありません。

実際に Markdown アプリを使って何かしらの形式へ出力する際には、公式マニュアルや Web 上の解説記事などを読むか、実際のプレビュー画面（あるいは実際の出力結果）を見るしかありません。

しかし、実際にプレビュー画面や出力結果を見てみると「ああ、こういう感じか」と見て分かるでしょう。百聞は一見にしかず。清書段階で迷ったら、**「とりあえずプレビュー」「とりあえず出力」** と覚えておきましょう。

4.3 きほん3：リンク

URL を**リンク**（ハイパーリンク）としてテキストへ埋め込むには、**リンク記法**を使います。

リンク記法の基本

リンク記法の基本は、次のような形式です。

```
[表示されるテキスト](リンク先URL)
```

・半角の角括弧「[」と「]」の中に、リンクとして表示させたいテキストを書く
・半角の丸括弧「(」と「)」の中に、リンク先URLを書く
・以上2つを、**空白を開けずに続けて並べる**

例

次のようなリンクをMarkdownで書いてみましょう。
・表示されるテキスト：「60秒で分かるMarkdown」
・リンク先URL：「http://commonmark.org/help/」
このようなリンクを出力するには、Markdown文書では次のように書きます。

```
[60秒で分かるMarkdown](http://commonmark.org/help/)
```

出力例は図20のようになります。

図20: リンク記法の出力例

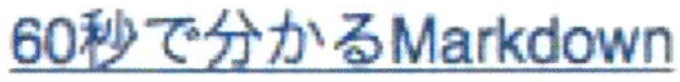

60秒で分かるMarkdown

この例ではテキストの色が変わり、下線が引かれています（Markdownアプリによって見た目は変わります）。また、Markdownアプリのプレビュー画面や（原稿がHTMLに変換されたあとの）ブラウザ上では、「60秒で分かるMarkdown」という文字列がリンクとしてクリックできるでしょう。

参照リンク形式

リンク記法には、もう一つの形式があります。それが**参照リンク形式**です。表示されるテキストとリンク先URLを分けて書けるので、長いリンクを本文の中に埋め込みたくない場合に便利です。
参照リンク形式は、次のような形式で書きます。

```
[表示されるテキスト][参照ラベル]

[参照ラベル]: リンク先URL
```

参照ラベルは、表示されるテキストとリンク先URLを結び付ける役目を果たします。[表示される
テキスト][参照ラベル]を含む塊と、[参照ラベル]: リンク先URLの塊は、**空行で区切ってください。**

例

参照リンク形式を使うと、先ほどの「60秒で分かるMarkdown」の例は次のように書けます

（「60seconds」が参照ラベルです）。

```
[60秒で分かる Markdown][60seconds]

[60seconds]: http://commonmark.org/help/
```

さらに、多くの場合に参照ラベルは省略可能です。この場合は、表示されるテキストと参照ラベルは同一です。

```
[60秒で分かる Markdown]

[60秒で分かる Markdown]: http://commonmark.org/help/
```

きほん3'：自動リンク

自動リンク記法を使うと、URLを表す文字列をそのままリンクに変換できます。ただし本来のCommonMarkでは、（「自動リンク」という名前にもかかわらず）URLが勝手にリンクに変換される訳ではありません。

自動リンク記法の原則は、URLを小なり記号「<」と大なり記号「>」で囲むことです。たとえば、<http://commonmark.org/help/>のように書きます。これで、プレビュー画面やブラウザ上では、URLがリンクとして確実に表示されます。

一方で、多くのMarkdownアプリでは、「<」と「>」で囲まなくてもURLが自動的に認識され、リンクとして設定されます[8]。たとえば「http://commonmark.org/help/」とMarkdown文書に書けば、（「自動リンク」という名前の通り）自動的にリンクとして認識される場合が多いです。

ただし、URLの自動認識がうまくいかない場合もあります。次の例を見てください。

```
CommonMark については http://commonmark.org/help/ を参照せよ。
```

このように書くとき、URLとして「http://commonmark.org/help/」ではなく、

```
http://commonmark.org/help/を参照せよ。
```

と、「を参照せよ。」まで含めて認識されることがあります。

意図通りにURLをリンクとして認識させるには、次のいずれかによって対処します。

・URLの前後を半角スペース（または改行）で囲む

例：CommonMark については _ http://commonmark.org/help/ _ を参照せよ。

8.GitHub Flavored Markdown では、「<」と「>」で囲むタイプの記法を「autolinks」（自動リンク）とし、URL を自動的に認識するタイプの記法を「autolinks (extension)」（拡張自動リンク記法）として区別しています。

第4章 きほんの Markdown　45

・URLの前後を「<」と「>」で囲む（本来の自動リンク記法）

例：CommonMarkについては<http://commonmark.org/help/>を参照せよ。

4.4 きほん4：画像

Markdownには、画像を挿入するための**画像記法**があります。しかし予備知識が必要なため、そのまま扱うには難しい記法です。

入門の段階ではあくまでも「このような記法がある」とだけ覚えておいて、具体的に画像を扱う方法についてはそれぞれのMarkdownアプリのやり方（アプリ独自の機能やマニュアルなど）に従うことをお勧めします。

画像記法を使う前提

画像記法を使うには、ある前提条件があります。それは**「URL（またはファイルの場所を表す文字列）で画像にアクセスできる」**ことです。

つまり、事前に次のいずれかの作業を済ませる必要があります。

・**画像をPC（ローカル環境）上のフォルダに用意する**
- Windowsやmac OSなど、ローカル環境で表示させたい場合

・**画像をサーバにアップロードする**
- ブログなど、Web上で表示させたい場合

以下、具体例で詳しくみていきましょう。

Windows/macOS（ローカル環境）で画像を扱う方法

ファイルの場所を表す文字列のことを**ファイルパス**と呼びます。 Windows/macOSなどのローカル環境で画像を入れたい場合は、このファイルパスが必要です。

具体例で説明します。以下では、フォルダ構成の例とともに、具体的にファイルパスと画像記法の例を説明していきます。

例1：画像がMarkdownファイルと同じフォルダに入っている場合

最もシンプルなのは「同じフォルダに、Markdownファイルと画像ファイルがある場合」です。たとえば、図21のようなフォルダを考えます。

46　第4章 きほんのMarkdown

図21: 例1：画像がMarkdownファイルと同じフォルダに入っている場合

画像ファイルの例として、図22のような画像ファイル「logo.jpg」がすでにあるとしましょう。

図22: 画像ファイル（logo.jpg）

この場合は、Markdownファイル（genkou.md）の中で次のように書くと画像を読み込めます。

```
![](logo.jpg)
```

この「logo.jpg」が、画像のファイルパスです。

MarkdownPadでは、図23のように画像が表示されます。

第4章 きほんのMarkdown | 47

図23: 例1：MarkdownPadで画像を表示させる

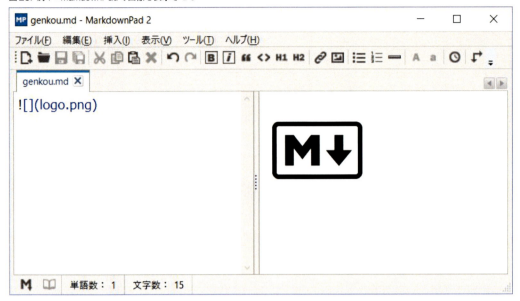

例2：画像がフォルダimagesに入っている場合

次に「Markdownファイルと同じ階層にimagesフォルダがあり、そのimagesフォルダの中に画像が入っている」場合を考えます。フォルダ階層を図24に示します。

図24: 例2：画像がフォルダimagesに入っている場合

この場合も、Markdownファイル（genkou.md）の中で次のように書くと画像を読み込めます。

```
![](images/logo.jpg)
```

この「`images/logo.jpg`」が、画像のファイルパスです。ファイルパスの形式は一般に「フォルダ名/ファイル名」という形になります。

いくつか補足します。

・Windowsの「`C:\Users\……`」やmacOSの「`/Users/……`」のような長い文字列（フルパス）は必要ありません
　－ Markdownファイルから見たファイルパス（相対位置）を書きます
・WindowsとmacOSのいずれでも、フォルダ区切りは「`/`」（スラッシュ）を使います

余談ですが、例2のように画像を1つのフォルダにまとめておくと、画像がたくさん増えても執筆用のフォルダが散らからずに済みます。そのため筆者はMarkdownで原稿を書く際に、必ず`images`のような画像専用フォルダを作っています。

Webアプリ・サービス上で画像を扱う方法

次に、Webアプリ・サービス上で画像を扱う方法について説明します。

「画像をサーバにアップロードする」必要がある……といっても、通常は**わざわざ自前でサーバを用意する必要はありません**。たいていの場合、より簡単な手段が用意されています。

ブログサービスの場合

Markdownに対応する多くのブログサービスでは、**「画像を挿入する」のようなボタンを押すことでアップロード画面が出てきます**。このアップロード画面を使えば、画像のアップロードと同時に画像記法[9]をカーソル位置に挿入できます。

たとえば、はてなブログの場合は、「写真を投稿」ボタンを使って画像ファイルをアップロードできます。そしてアップロードの直後に、現在のカーソル位置へ自動的に画像貼り付け用のコードを挿入してくれます。

ブログサービス備え付けの画像挿入ボタンがある場合は、迷わず**画像挿入ボタンで画像をアップロード・挿入すること**をお勧めします。この方法を使うと、自分でMarkdownの画像記法を書かなくて済みます。

画像アップロード機能がないWebサイトの場合

アップロード機能がない場合でも、画像のURLさえあれば画像が表示できるMarkdown対応Webサービスもあります（例：DropboxのMarkdownプレビュー機能）。

この場合、画像専用のアップロードサービス（Gyazo[10]など）を利用して画像のURLを取得すれば、Markdownの画像記法で画像を貼り付けできます。ただし画像のURLは生の画像ファイル（.jpg/.pngなど）を示すものに限ります[11]。

たとえば次のURLは`logo.jpg`をGyazoでアップロードした画像のものです[12]。拡張子が「`.jpg`」で終わっており、ブラウザで開くと生の画像ファイルとして開けます。

9.Markdownの画像記法が挿入されるとは限りません。実際にはHTMLの <img> 要素や、ブログ独自の記法（はてな記法など）が挿入される場合が多いです。

10.Nota Inc.: *Gyazo*.https://gyazo.com/. [参照: 2018年4月10日].

11. 逆に「URLが生の画像ファイルを示していない」場合の例は、画像が何らかのWebページに埋め込まれているときです。

12.Gyazoで画像を開き、「シェア」→「Direct link」の「リンクをコピー」でリンクを取得できます。なお、このURLは予告なくアクセスできなくなる場合があります。

```
https://i.gyazo.com/667fbe31d1142ed8ff2863a96f84ce02.jpg
```

　このURLを使って次のように書けば、Markdown対応Webサービスでlogo.jpgが表示されるはずです。

```
![](https://i.gyazo.com/667fbe31d1142ed8ff2863a96f84ce02.jpg)
```

画像記法のまとめ

　以上を踏まえた上で、Markdownの**画像記法**を整理しましょう。
　すでに「画像のファイルパスまたはURL」が分かっている画像を、次のような形で挿入できます。

```
![代替テキスト](画像のファイルパスまたはURL)
```

　代替テキストとは画像が閲覧できない際に提示されるテキストです[13]。具体的には、（主に視覚障がい者が使う）読み上げソフトがこの説明を読み上げたり、何らかの理由で画像が読み込めなかった場合に表示されたりします[14]。
　アクセシビリティを考慮するならば、代替テキストとして画像を説明するテキストを書くのが正しい記法です。しかし代替テキストを入れるのは少なからず面倒なため、場合によっては省略してよい場合もあるでしょう。
　代替テキストを省略する場合の画像記法は次のようになります。

```
![](画像のファイルパスまたはURL)
```

　以上が、Markdownの画像記法です。

コラム：Markdownは雑に書くための記法!?

　Markdownの大きな欠点は、細かい調整が苦手なことです。
　一部のMarkdownアプリでは、独自記法として「画像を調整する記法」を備えている場合もあります（本書では説明を割愛します）。しかしGruberのMarkdownやCommonMarkには、「画像を入れるだけの記法」（画像記法）はありますが、「画像を調整する手段」はありません。
　GruberのMarkdown（および多くのMarkdownアプリ）では、このような細かい調整が必要となった場合に、「**Markdown文書の中にHTMLを直接書く**」という最終手段がとれます（詳細は第6章をご覧ください）。
　GruberのMarkdownはもともとHTMLに変換するための記法でした。最初からHTML/CSSと組み合わせる前提で設計されていたため、このような手段が使えるのです。この「HTMLで直書きする」という手段はGruberのMarkdown以外でも利用できることが多く、Markdownを使って細かい調整をする上では必須のテクニックです。
　あえて割り切るとすれば、**Markdownが適しているのは雑に書ける文章**と言えるでしょう。雑に書いて、細かいレイアウトの調整はあとから考える……このような楽観主義で書き進めるなら、きっとMarkdownはあなたの良きパートナーと

---

13. 代替テキストはHTMLの <img> 要素における alt 属性と同じ役割です。

14. Mozilla:*img: 埋め込み画像要素 - HTML | MDN.*https://developer.mozilla.org/ja/docs/Web/HTML/Element/img. [参照: 2018年7月16日].

> なるでしょう。

4.5 きほん5：引用

　一般的な文章の作法として、他人の文章（ブログ記事や本の内容など）を本文で使いたいときには、**引用**という形式を守る必要があります。

　Markdownにはこの目的のための**引用記法**があります。この記法を使えば、本文と他人の文章（引用文）を見た目で区別できます。

　引用は次のように書きます。

・半角の大なり記号「>」を書く

・その後ろに（原則として）半角スペース（␣）を入れる[15]

・その後ろに引用文を書く

つまり「>␣引用文」の形です。

　複数にわたる引用文の場合は、各行に「>␣」を挿入するか、2行目以降を「␣␣」（半角スペース2つ）で字下げします。

例

　Markdown文書では次のように書きます。

```
>␣春は、あけぼの。
>␣やうやう白くなりゆく山ぎは　少し明りて紫だちたる雲の細くたなびきたる。
```

　出力例は次のとおりです。段落（空行で区切る）や強制改行（スペース2つ）を入れていないので、ただの改行が無視されていることに注意してください。

> 春は、あけぼの。やうやう白くなりゆく山ぎは　少し明りて紫だちたる雲の細くたなびきたる。

4.6 きほん6：番号なしリスト（番号のない箇条書き）

　いくつかの項目を並べたいときには**リスト（箇条書き）**を使います。特に**番号なしリスト（番号のない箇条書き）**は、順序に重要性のない項目を並べるときに使います。

　番号なしリストの項目（1行分）を**リスト項目**と呼びます。リスト項目は次のルールで書きます。

・行頭に半角のハイフン「-」（またはアスタリスク「*」、プラス「+」）を打つ

・その後ろに1〜4個の半角スペース「␣」を打つ（通常は1個）

・その後ろにリスト（箇条書き）にしたいテキストを打つ

このルールを元にして、番号なしリストの全体を次のルールで書きます。

第4章 きほんのMarkdown　51

- リストの手前に空行を入れる（Markdown文書の先頭であれば、空行は不要）
- リスト項目を並べる（項目ごとに改行する）
- リストの後ろに空行を入れる

適切に空行を挟まないと、リストが他の記法（段落など）として誤って解釈されることがあるので注意してください。

例

番号なしリストの例を示します。項目は「いちご」「りんご」「みかん」の3つです。行頭の記号を変えて、同じ出力が得られるリストをそれぞれ示します。

```
- いちご
- りんご
- みかん
```

```
* いちご
* りんご
* みかん
```

```
+ いちご
+ りんご
+ みかん
```

出力例は、行頭の記号にかかわらず次のとおりです（重複分は省略）。

> ・いちご
> ・りんご
> ・みかん

番号なしリストの入れ子

Markdownのリストは、入れ子にすることもできます。その際は**行頭に半角スペースを2つ以上を打つことで入れ子を表現します**[16]。

---

16. 半角スペースの数が多すぎると（例：6個）、解釈が変わっておかしな表示になるので注意してください。

52　第4章 きほんのMarkdown

入れ子に使う半角スペースの数は、多くの場合「2つ」または「4つ」がよいでしょう。重要なことは、1つの Markdown 文書（ファイル）の中で、**入れ子に使うスペースの数を統一する**ことです。そのときの気分で「スペース2つ」と「スペース4つ」を混ぜてはいけません。

さらに入れ子にしたい場合は、入れ子の深さに応じて行頭に打つスペースの数を2倍、3倍、4倍……と増やしていきます。

- 「入れ子のスペースは2つ」と決めた場合
  - 入れ子に使うスペースの数：2個、4個、6個、……
- 「入れ子のスペースは4つ」と決めた場合
  - 入れ子に使うスペースの数：4個、8個、12個、……

例

「スペース2つ」入れ子の例を示します（以下、行頭の記号は「-」を使用します）。

```
-␣箇条書きです
␣␣-␣箇条書きの入れ子です
␣␣-␣箇条書きの入れ子です
␣␣␣␣-␣さらに入れ子にできます
```

「スペース4つ」入れ子の例を示します。

```
-␣箇条書きです
␣␣␣␣-␣箇条書きの入れ子です
␣␣␣␣-␣箇条書きの入れ子です
␣␣␣␣␣␣␣␣-␣さらに入れ子にできます
```

いずれの場合も、出力例は次のとおりです。

```
・箇条書きです
  −箇条書きの入れ子です
  −箇条書きの入れ子です
    ・さらに入れ子にできます
```

なお、出力された箇条書きの行頭に付く記号は、Markdown アプリやその設定によって異なります。

余談ですが、入れ子のリストを書きたいときに、半角スペース2つ（または4つ）を手で打つのは面倒です。Markdown 専用エディタでは、この「スペース2つ（または4つ）」を打つためのショートカットキーが、多くの場合で用意されています。エディタによってキー割り当ては微妙に違いますが、多くの場合次のようなショートカットキーが使えるでしょう。

- スペースを増やす：「 **Tab** 」キー（または「 **Ctrl** + **[** 」キーなど）
- スペースを減らす：「 **Shift** + **Tab** 」キー（または「 **Ctrl** + **]** 」キーなど）

4.7 きほん7：番号付きリスト（番号のある箇条書き）

順序に意味を持たせるような箇条書きを書く場合、Markdownでは**番号付きリスト（番号のある箇条書き）**を使えます。

番号付きリストのリスト項目（1行分）は次のルールで書きます。

- ・行の最初に半角の数字を打つ（たとえば「1」）
- ・その後ろにピリオド「.」または半角閉じ丸括弧「)」を打つ
- ・その後ろに半角スペース「␣」を打つ
- ・リスト（箇条書き）にしたいテキストを打つ

例

Markdownの番号付きリストで特徴的なのは、それぞれのリスト項目の最初に打つ数字です。GruberのMarkdownでは、**Markdown文書の上でも**数字は原則として次のように打つことが推奨されます。

```
1. ␣いち
2. ␣に
3. ␣さん
```

出力例は次のとおりです。行頭の番号が「1.」「2.」「3.」と増えていることに注目してください。

```
1. いち
2. に
3. さん
```

一方で、手作業で数字を変えるのは少し面倒なため、Markdownでは次のように「数字を変えずに並べる」記法も許容されています。

```
1. ␣いち
1. ␣に
1. ␣さん
```

出力例はまったく同じです。

```
1. いち
2. に
3. さん
```

後者は慣れないと気持ち悪く感じるかもしれませんが便利です。好みで使い分けてください。

番号付きリストの入れ子

　番号なしリストと同様に、入れ子にできます。ただし番号つきリストの入れ子は行頭に数字が来るため、ルールが非常に複雑です。実際には、プレビュー画面を見ながら入れ子の半角スペースを調整することをお勧めします。

　図25の例を使って説明します。

図25: 番号付きリストの入れ子

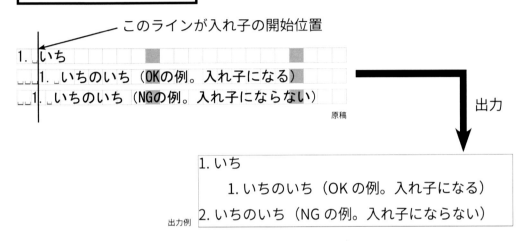

　Markdown文書（図25の左上）で、「1.␣いち」の次の行（1.␣いちのいち）を入れ子にしたい、としましょう。

　出力例は図25の右下のようになります。

　原稿1行目は「1.␣いち」となっています。次の行に入れ子のリスト項目を入れたい場合、基準となるラインは左から4文字目「い」の左側です（図を参照）。このラインに合わせて入れ子のリスト項目を書きます。

　原稿2行目「OKの例」は、このラインに合わせた入れ子項目です[17]。半角スペースを3つ入れてから「1.␣」のように新しい番号つきリストを始めると、1行目の「い」のラインとそろうので入れ子扱いになります。出力例では入れ子として新しく番号が始まるため、「1.」という番号が振られます。

　原稿3行目「NGの例」は、入れ子にならず「元のリストの2番目」という扱いになります。半角スペースを2つ入れてから同様に「1.␣」のように新しい番号つきリストを始めようとしても、1行目の「い」のラインより手前のため入れ子扱いにはなりません。出力例では1行目に引き続き「2.」という番号が振られます。

---

[17]. エディタによっては、フォントの都合で見た目として先頭が「揃った」感じにならないかもしれません。文字数をよく数えてください。あるいは実際にMarkdownPadなどのプレビュー画面で確かめながら調整してみてください。

4.8 きほん8：水平線（主題分割）

　文章を区切りたい場合には**水平線（主題分割）**が利用できます。水平線とは（横書きの場合は）次に示すようなまっすぐ横に長い線のことです。

……このまっすぐ横に長い線のことです。

　きほん2の「見出し」で説明したとおり、水平線は特に小説で「物語の中でのシーンの変化」「場面転換」あるいは読者にとっての「息継ぎ」として利用できます[18][19]。

　Markdownでは半角のハイフン「-」、アスタリスク「*」、アンダースコア[20]「_」のいずれかを、3つ以上並べると水平線になります。

・3つ以上なら「-」「*」「_」をいくつ並べてもかまいません

・これらの記号の間に、半角スペースをいくつ入れてもかまいません

　ただし何らかの文字の直下（次の行）に「-」を並べると、**きほん2**の「見出し」（**記法2**）と解釈されてしまいます。迷ったら前後に空行を入れたほうがよいでしょう。

例

　水平線の例を、記号の種類ごとに示します（紙面の関係上、空行は省略）。プレビュー画面の上では、いずれも同じ水平線を表します。

半角ハイフンによる水平線

```
---
- - -
------------
```

半角アスタリスクによる水平線

```
***
* * *
************
```

半角アンダースコアによる水平線

```
---
- - -
------------
```

18.Mozilla:*hr: 主題分割（水平線）要素 - HTML | MDN*.https://developer.mozilla.org/ja/docs/Web/HTML/Element/hr. [参照: 2018年4月10日].

19.Web技術の開発者向けリファレンスとして有名なMDNでは、HTMLの<hr>要素のことを「主題分割（水平線）要素」と名付けています。

20.アンダーライン、アンダーバーとも呼ばれます。

4.9 きほん9：コード

　きほん9と**きほん10**は、いずれも「**文字どおりに**（literally）」あるいは「**逐語的に**（verbatim）」という意味付けを与えるための記法です。

　たとえばあなたが学校の先生であれば、コンピュータを使う授業で「このテキストは文字どおりにタイプしてくださいね」と生徒や学生に対して指示するでしょう。また、あなたがWebメディアのライターであれば、HTMLなどのコードが「<h1>」のように指示されることがあるでしょう。

　このように「文字どおりに」あるいは「逐語的に」という意味を文に込めたい場面が、コンピュータを扱う際にときどきあります。

　説明文（特に技術文書）では、ソースコードだけを本文と区別すると、文章が読みやすくなります。つまり「**この部分はソースコード（コマンド）である**」という意味で、見た目を区別するのです。

　Markdownにはこのような「文字どおりに」「逐語的に」という意味の文を書くための記法が2つあります。

- **きほん9：コード記法**
  - 本文（地の文）に短いソースコードを埋め込むための記法
- **きほん10：コードブロック記法**
  - 何行にもわたる長い文（ブロック）をまとめて記述するための記法

　いずれも、実際の出力では**原則として等幅フォントになります**[21]。同時に背景色も変わる場合が多いです。

　コード記法で書くには、テキスト（短い文）をバッククォート「｀」で囲みます[22]。

例

　次の例では、テキストの前半をコード記法で表します。後半はただのテキストです。

```
｀ここにコードを書きます。This is code.｀ここはコードではありません。This is not code.
```

　出力例は次のとおりです。

```
ここにコードを書きます。This is code.ここはコードではありません。This is not code.
```

4.10 きほん10：コードブロック

　何行にもわたる長い文（ブロック）をまとめてコード記法として書きたい場合には、**コードブロック記法**が使えます。**きほん9**のコード記法と同様に、原則として等幅フォントで表示されます。半

---

21. フォントの都合で、和文のみ等幅にならない場合があります。
22. バッククォートを打つには、日本語キーボード（JIS配列）でアットマークキー「@」を探し、Shiftキーと同時に押してください。バッククォートは「グレイブ・アクセント」「開きシングルクォーテーション」「backtick（英語圏）」などと呼ばれることもあります。

第4章 きほんのMarkdown　57

角スペースもそのまま表示されるため、半角スペースによる行頭の字下げ（インデント）もコードブロックの中では有効です。また、コードブロック内の改行は、出力先で必ず改行されます（強制改行）。

「コードブロック」という名前にもかかわらず、「等幅フォントで表示される」「半角スペースがそのまま表示される」「強制改行」という特性は幅広く応用できます。たとえば詩を引用する場合には、コードブロック記法を使うとレイアウトが崩れにくくなります。

コードブロックの記法は2つあります。

記法1：テキストの前後をバッククォート3つの行で囲む

コードブロックとして表示したいテキストの塊の前後行に、バッククォート3つ「```」を打ちます。

```
```
ここが
コードブロック
になります
```
```

出力例は次のようになります。

```
ここが
コードブロック
になります
```

記法2：各行の始めに半角スペース4つを打つ

コードブロックとして表示したいテキスト各行の行頭で半角スペース4つ「␣␣␣␣」を打ちます。

```
␣␣␣␣ここが
␣␣␣␣コードブロック
␣␣␣␣になります
```

出力例は次のようになります（**記法1**と同じ）。

```
ここが
コードブロック
になります
```

ただし、記法2のコードブロックは空白に関するルールが複雑なため、わかりやすいように前後の行を（段落と同様に）空行で区切ることをお勧めします。

4.11 きほんの Markdown：まとめ

以上のルールがきほんの Markdown でした。

最後に、きほんの Markdown をおさらいしましょう。図26 に、（ミニマム Markdown を含めた）きほんの Markdown 一覧を挙げます（ただし「␣」は半角スペース、「↵」は改行〈Enter キー〉）。

図26: きほんのMarkdown（ミニマムMarkdownを含む）

ルール	記法1	記法2	出力例
ミニマム1	プレーンテキストで書く		
ミニマム2	1つ目の段落↵ ↵ 2つ目の段落		1つ目の段落 2つ目の段落
ミニマム2' （強制改行）	1行目␣␣↵ 2行目		1行目 2行目
ミニマム3	Markdownファイルの拡張子は「.md」		
きほん1	**太字**		**太字**
きほん2	#␣見出し1 ##␣見出し2	見出し1 ====== 見出し2 ------	見出し1 見出し2
きほん3	[リンク](http://a.com)	[リンク][label] [label]:␣http://a.com	リンク
きほん3'	<http://a.com>		http://a.com
きほん4		![代替テキスト](a.png)	M↓
きほん5	>␣引用		▌引用
きほん6	*␣箇条書き *␣箇条書き	-␣箇条書き -␣箇条書き	・箇条書き ・箇条書き
きほん7	1.␣いち 2.␣に	1)␣いち 2)␣に	1. いち 2. に
きほん8（水平線）	---	*␣*␣*	————————
きほん9（コード）	\`code（等幅）\`		code（等幅）
きほん10 （コードブロック）	\`\`\` code 等幅 \`\`\`	␣␣␣␣code ␣␣␣␣等幅	code 等幅

　本章の冒頭でもお伝えしましたが、**すべてを一気に覚える必要はありません**。まずは1つ（あるいは少数）の記法を覚えて、実際に使ってみましょう。記法を忘れたら、何度も一覧表を見ましょう。たくさん書き、その都度プレビュー画面を見て、たくさん間違えながら少しずつ覚えましょう。それがMarkdownをマスターするコツです。

コラム：ブロック要素とインライン要素

　CommonMark の記法は大きく分けて2つの種類に分類できます。**ブロック要素**と**インライン要素**です。
　Markdownで文章を書く際には、ある記法が別の記法として誤って解釈されないように、「適当な塊」を空行で区切る必要があります。この「適当な塊」をブロック要素と呼び、その内側に配置されるテキストなどをインライン要素と呼びます（正式な定義は割愛します）。ブロック要素とインライン要素の関係を表す模式図を図27に示します。

図27: ブロック要素とインライン要素

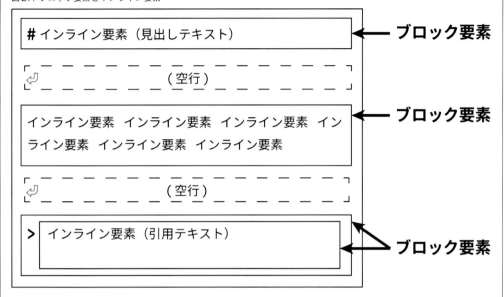

　具体例を挙げます。ブロック要素とインライン要素に分類される記法は、それぞれ次のとおりです。
・ブロック要素
　－段落（ミニマム2）
　－見出し（きほん2）
　－引用（きほん5）
　－リスト（きほん6・7）
　－水平線（きほん8）
　－コードブロック（きほん10）
・インライン要素
　－段落中のテキスト
　－太字（きほん1）
　－リンク（きほん3）
　－画像（きほん4）
　－コード（きほん9）
　リスト記法については、リストの全体と（各々の）リスト項目の両方がブロック要素です。
　引用記法とリスト（リストの全体とリスト項目）は、その内側に別のブロック要素を入れ子で配置できるので、**コンテナブロック要素**と呼ばれます。

コラム：半角のイライラをマシにする工夫

　一般に Markdown は、半角記号・半角スペースの使用を強制します。そのため「日本語入力のオン／オフが煩雑になる」ことが、 Markdown で挫折する原因のひとつになりがちです。

　この問題に対して、日本語入力ソフト側の設定を変えることで、日本語入力オン／オフのイライラを緩和できるかもしれません。

　たとえば macOS の日本語キーボード（JIS 配列）は、スペースキーの左隣に英数キー（日本語入力オフ）、右隣にかなキー（日本語入力オン）があります。この2つのキーは親指に近いため非常に押しやすく、何度叩いても英数キーは「オフにする」のみ、かなキーは「オンにする」のみです。

　筆者はこの「英数」「かな」キーを気に入っています。同様の動作を Windows 環境でもできるように、筆者は Windows 版 ATOK にて次のように設定して、macOS のようなキー操作を再現しています。

　・無変換キー：日本語入力オフ
　・変換キー：日本語入力オン

　また、筆者は日本語入力オンの状態でも、スペースキーを押した動作が既定で「半角スペース」となるように設定しています。この場合、ATOK では全角スペースを「Shift ＋ スペース」キーで入力できます。

　よく使う Markdown の記法については、日本語入力ソフトの辞書に単語登録をするという手段もあります。たとえば見出し記法を次のように登録してもよいでしょう。

　・読み：みだし
　・単語：#␣

第5章 Markdownライティングを実践しよう

本章では、Markdownを使った執筆作業を実践していきます。「Markdownライティング」の魅力を、手を動かしながら体験してみましょう。

本題の前に、2つの準備をしていきます。

・道具：Typora（Markdown専用エディタ）
・考え方：2段階執筆（下書き段階と清書段階）

5.1 道具：Typora（Markdown専用エディタ）

まず、よい道具をそろえましょう。Markdown文書を編集するための、本格的な道具を紹介します。

これまで使ってきたMarkdownPad（Windows）は、無料の範囲で使える機能が限られるため、本格的な執筆には向きません。MacDown（macOS）も同様に、シンプルで使いやすい反面、少し物足りないかもしれません。

Markdownで本格的に執筆するのであれば、筆者は**Typora**（図28）[1]というMarkdown専用エディタをお勧めします。TyporaはWindowsとmacOSの両方に対応し、Markdownによる執筆をサポートする機能が充実しています[2][3]。

図28: Typora

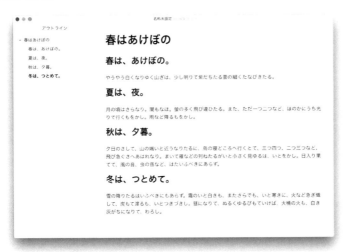

---

1. https://typora.io/
2. A. Lee: *Typora — a markdown editor, markdown reader*. https://typora.io/. [参照: 2018年4月2日].
3. 執筆時点でベータ版として無料で利用可能。ただし将来的に有償となる可能性があります。

これまで使ってきたMarkdownPadやMacDownのような「左右2画面」のエディタとは違い、Typoraは「編集画面とプレビュー画面が合体した1画面（＋サイドバー）」という独特の画面レイアウトを持っています。初心者がMarkdownを覚えるのには適しませんが、本章までたどり着いたあなたならきっと使いこなせるはずです。

Typora最大の特徴として、ライブレンダリング機能があります（図29）。Markdownにしたがって記号を使って書式を設定すると、**Enterキーで改行した瞬間にプレビュー状態へ変わります**[4]。内部ではプレーンテキストとして原稿が保持されるため、必要に応じて元のMarkdown文書を取り出すことも可能です。この動作は静止画では分かりにくいので、Typora公式サイトにある動画もぜひご覧ください。

図29: Typoraのライブレンダリング機能

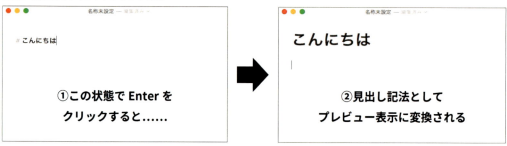

WordやWordPressの「ビジュアル」エディタなどは、印刷・表示結果と同じものが画面上に表示されることからWYSIWYGと呼ばれることもあります[5]。Typoraは軽快に書けるプレーンテキストの良さと、直感的に使えるWYSIWYGエディタの良さの「いいとこ取り」をしたMarkdown専用エディタといえるでしょう。

またTyporaは次のような特徴を備えています。
・画像記法の挿入サポート
　－ドラッグ＆ドロップで簡単に画像を挿入できます
・表（テーブル）の挿入・編集サポート
　－表を簡単に挿入・編集できます（この記法については第7章で説明します）
・サイドバー：ファイルツリー
　－ファイルやフォルダへ簡単にアクセスできます
・サイドバー：アウトライン
　－見出しを一覧できます
・テーマ
　－エディタの見た目を変更できます
・豊富な出力ファイル形式
　－標準でPDFとHTMLに出力できます

---

4. 設定を変えることで、カーソルが当たっている行だけ本来の原稿テキストを表示させることも可能です。メニューバーの「ファイル」→「設定」→「エディタ」から、「ライブレンダリング：当該ブロック（見出しなどを含む）のソースを表示」のチェックをオン／オフすることで、表示を変更できます。
5. WYSIWYGは「What You See Is What You Get」（見たままを得られる）の略。

－外部プログラム（Pandoc）を別途インストールしておくと、さらに多くの形式への出力も可能です（付録「アプリのインストール・設定方法」を参照）

PCでMarkdown文書を書く方は、ぜひTyporaを試してみてください。インストールについては付録「アプリのインストール・設定方法」を参照してください。

5.2 考え方：2段階執筆（下書き段階と清書段階）

次に、考え方について整理しましょう。第4章（見出しの意味付け）では、**「Markdownによる執筆作業を、下書き段階と清書段階の2段階に分ける」**という考え方を紹介しました。

・下書き段階
　－原稿の元となるメモや資料を集めたり、原稿を書き始めたりする段階
　－あらゆる端末やアプリ・Webサービスを使って、文章やその断片を書いて膨らませる
　－ラフに書く（ある程度ルーズに記法を使ってもよい）
・清書段階
　－原稿を目的の媒体・出力形式向けに仕上げる段階
　－誤りのない原稿に仕上げ、見た目を整える
　－Markdownアプリを使って表示・出力する場合は、そのアプリの記法へ厳密に従う

このように2段階でMarkdown文書を書いていく工程を、本書では**2段階執筆**と名付けます。

下書きと清書の2段階で書くことにより、次のような利点が生まれます。

・下書き段階では、好きな環境・端末で「アイデアを出すこと」「書くこと」に集中できる
・清書段階では、形式的・内容的なミスを修正し、見た目を整えることに集中できる
・下書き段階の最終的な原稿を原本（マスター）としておけば、清書段階で必要なMarkdown記法が多少変わっても対応しやすい
　－たとえば「はてなブログ向けに書いた原稿を、でんでんコンバーター（電子書籍）向けに書き直す」という作業も容易になる

特にMarkdownを覚えたてのころは、記法を完全に覚えていなかったり、思わぬ記法のミスをしてしまいがちです。執筆を2段階に分けておけば、一気に仕上げるよりも楽に・正確に原稿を書けると筆者は考えます。

なお、2段階執筆に似た執筆工程について、哲学者の千葉雅也氏は次のように言及しています[6,7]。

> 昨年の冬頃から、デジタルツールを活用した新しい執筆法を試みているんです。それは、『アイデア大全』（筆者注：2017年、フォレスト出版刊）などの著者である読書猿さんのブログで紹介されていた、レヴィ＝ストロース（筆者注：フランスの文化人類学者）の執筆法を元にしています。レヴィ＝ストロースは、まずタイプライターで一気に粗いドラフトを書いてしまうらしい。そのあと、色鉛筆で書き込んだり、ホワイトで消したり、上に紙

---

6. 千葉雅也・日本デザインセンター: 千葉雅也インタビュー「書くためのツールと書くこと、考えること」｜もの書きのてびき｜書く気分を高めるテキストエディタ stone（ストーン）.https://stone-type.jp/tebiki/321/. [参照: 2018年9月30日].

7. ルビは筆者による。この文章自体は、stone（https://stone-type.jp/）というテキストエディタを紹介する記事の一つです。stoneはMarkdownに対応しませんが、和文縦書きを含めて非常に美しい表示が可能で、心地良く書けるテキストエディタとして筆者も推奨します。macOS専用、3,000円。

を貼って書き加えたりして、コラージュ作品のようになるくらい作り込むというんですね。その段階が自分にとっての本格的な執筆だと言っていて。それを知ったときに、この方法は今ならデジタルツールでできるなと思ったのです。

　具体的には、まずWorkFlowy（筆者注：https://workflowy.com/）でアイデア出しをします。フリーライティングというやり方で、論理的な順序を考えずに、思いつくまま書いていきます。そのあとノイズを消しながら、順序を入れ替えてストーリーの流れを作ります。次に、それをプリントアウトしたものを参照しながら、Ulysses（筆者注：https://ulysses.app/）を使ってドラフトを書きます。全画面表示にして、入力行が画面の真ん中で固定されるタイプライターモードにして、時間を限定して一気に書きくだします。このときには、言葉遣いの正確さや、スムーズな話の展開にはこだわらずに書きます。これが「レヴィ＝ストロース稿」とでも呼ぶべき初稿です。そのあと、Scrivener（筆者注：https://www.literatureandlatte.com/scrivener/overview）で編集を行います。レヴィ＝ストロース稿をScrivenerに流し込み、大まかな意味の切れ目でカットして、編集モードで、赤字や青字を使って編集していきます。それができたら、最後はWordで仕上げます。

　一つ目のポイントは、ドラフト段階とエディット段階を完全に分けるということ。ラフに書く段階に編集意識を入れないということです。二つ目のポイントは、ドラフトとエディットの差分を可視化すること。編集するときには字を別の色にするなどして、未編集の部分と編集済みの部分を区別しながら進めるということです。

　千葉氏の「ドラフト段階」と「エディット段階」が、本書の「下書き段階」と「清書段階」に対応すると筆者は考えます。ただし、千葉氏の方法論の方が、より高度で洗練されているように思われます。

　以上で準備は終わりです。

5.3 はてなブログでMarkdownライティング

　本節からは、いよいよMarkdownによる執筆作業に入ります。2段階執筆の考え方にしたがって、実際に練習してみましょう。
今回の例では、PCを使って作業を進めます。下書きをTyporaで、清書をはてなブログで行います。

下書き段階

　下書き段階では、まず「ネタを探す」「アイデアをメモする」ところから始めて、ラフな下書きにまとめていきます。

　今回は「春はあけぼの」を題材としつつ、文章未満の「ネタ」「メモ書き」段階から執筆を進める例を紹介します。

メモ書きしてみる

　最初に、思いついたネタやフレーズなどを、テキストの断片として集めていきます。

Typoraを開き、メモを殴り書きしましょう。完全な文でも、短いフレーズでも、箇条書き（番号なしリスト記法）でもかまいません。

実際にタイプするMarkdown文書の例は次のとおりです。

```
春→あけぼの

- 山ぎは
- 雲細い

夏→夜

月と闇。蛍多い。
```

　Typora上の表示を図30に示します。箇条書きの「-」が、Typoraの上で「・」に変換されることに注目してください。

図30: 下書き（Typora）：メモを殴り書きする

見出しを付けてみる

　次に、ある程度アイデアやメモ書きがたまってきたら、ざっくりとまとめてみます。ファイルを新規作成して、メモ書きとは別に原稿を書き始めてもかまいません。

　今回の下書き段階では、見出しの意味付けを（仮に）次のとおりとします。

- 「#␣」（見出し1）：タイトル・大見出し（その文章全体の要約）
    - Markdown文書の1行目で1つのみ、それ以外では使わない
- 「##␣」（見出し2）：中見出し（文章の塊一つの要約）
- 「###␣」（見出し3）：小見出し（中見出しより小さな、文章の塊一つの要約）

この時点ではタイトル（見出し1）が決まっていなくてもかまいません。タイトルを付けずにいきなり見出し2から書き始めても、仮タイトルを付けてもよいでしょう。

実際にタイプするMarkdown文書例は次のとおりです（Typora上の表示は図31）。

```
# はるなつあきふゆ（仮）

## 春はあけぼの

- 山ぎは
- 雲細い

## 夏は夜

月と闇。蛍多い。
```

図31: 下書き（Typora）：見出しを付けてみる

下書き版「春はあけぼの」

　これまでは「文章未満」の単なるメモ書きでしたが、次からは一応「文章」と呼べるような形まで下書きに仕上げていきます。

　「春はあけぼの」というタイトルを付け、見出しも整えます。文章もラフに整えるとよいですが、この時点で完璧にしなくてもかまいません。本当の仕上げは清書段階で行います。

　実際にタイプするMarkdown文書例は次のとおりです。

```
# 春はあけぼの

## 春は、あけぼの。

やうやう白くなりゆく山ぎは、少し明りて紫だちたる雲の細くたなびきたる。

## 夏は、夜。

月の頃はさらなり。闇もなほ。螢の多く飛び違ひたる。また、ただ一つ二つなど、ほのかに
うち光りて行くもをかし。雨など降るもをかし。

## 秋は、夕暮。

夕日のさして、山の端いと近うなりたるに、烏の寝どころへ行くとて、三つ四つ、二つ三つ
など、飛び急ぐさへあはれなり。まいて雁などの列ねたるがいと小さく見ゆるは、いとをか
し。日入り果てて、風の音、虫の音など、はたいふべきにあらず。

## 冬は、つとめて。

### つとめて

雪の降りたるはいふべきにもあらず。霜のいと白きも、またさらでも、いと寒きに、火など
急ぎ熾して、炭もて渡るも、いとつきづきし。

### 昼

昼になりて、ぬるくゆるびもていけば、火桶の火も、白き灰がちになりて、わろし。
```

　少し原稿が長くなってきたので、ここで元のMarkdown文書（テキスト）を確かめてみましょう。次のいずれかの操作で画面を「ソースコードモード」に切り替えられます。

・「 **Ctrl** ＋ / 」（macOS：「 ⌘ ＋ / 」）キー
・メニューバー：「表示」→「ソースコードモード」

同じ操作をすると、元の画面に戻ります。

さきほどのMarkdown文書例について元の画面とソースコードモードで比較したものを、図32に示します。

図32: 下書き（Typora）：いったん仕上げ

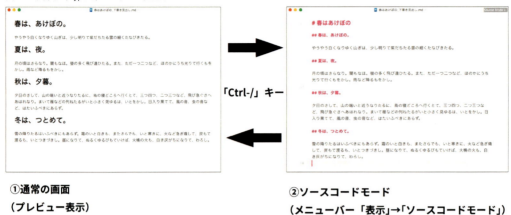

①通常の画面
（プレビュー表示）

②ソースコードモード
（メニューバー「表示」→「ソースコードモード」）

清書段階

それでは清書段階に入りましょう。舞台をはてなブログに移します。説明の都合上、はてなブログ[8]の開設を済ませた上で、編集モードが「Markdownモード」になっている状態から説明を始めます。

はてなブログの開設についてはWeb上のブログ記事[9]を参照してください。またMarkdownモードの設定方法は、付録「アプリのインストール・設定方法」をご覧ください。

見出しの書き換え

はてなブログのMarkdown記法はかなり独特で、次のような特徴があります。

・Markdown文書を入力する欄とは別に、タイトル欄がある
・Markdown文書内で使える見出しは「###␣見出し3」から始まる[10]

つまり、**見出しレベルを変更する必要があります**。はてなブログにおける見出しの書き換え方針を図33に示します。

---

8. http://hatenablog.com/
9. 【はてなブログの始め方】初心者の為の図解で全てを説明した完全マニュアル【初期設定から使い方まで】- 魂を揺さぶるヨ！ http://www.tamashii-yusaburuyo.work/entry/はてなブログの始め方のマニュアル
10. はてなブログでブログユーザーが使用できる見出しは、HTMLでいえば <h3> ～ <h6> のどれかです。つまり、Markdown文書では見出し3（###）から見出し6（######）までのどれかを使うことになります。タイトルを除くと、最も大きい見出しは見出し3になります。ただし、ブログテーマによっては見出し2（<h2>に対応）から始めることが推奨されることもあります。

図33: はてなブログ：見出しの書き換え方針

意味	下書き（Typora）	清書（はてなブログ）
タイトル （大見出し）	#␣見出し1	**タイトル欄へコピー＆ペースト** **元の見出し記号（#␣）は削除する**
中見出し	##␣見出し2	###␣見出し3
小見出し	###␣見出し3	####␣見出し4

いったん Typora に戻り、「 **Ctrl** + **/** 」（macOS：「 **⌘** + **/** 」）キーでソースコードモードを開いてください。表示される Markdown 文書をコピーして、はてなブログのエディタに貼り付けましょう。

この Markdown 文書を、はてなブログ向けに次のように編集します。ただし、タイトル欄に「#␣見出し1」を転記する際は、見出しの記号部分「#␣」を削除してください。

タイトル欄：春はあけぼの
春は、あけぼの。

やうやう白くなりゆく山ぎは、少し明りて紫だちたる雲の細くたなびきたる。

夏は、夜。

月の頃はさらなり。闇もなほ。螢の多く飛び違ひたる。また、ただ一つ二つなど、ほのかに
うち光りて行くもをかし。雨など降るもをかし。

秋は、夕暮。

夕日のさして、山の端いと近うなりたるに、烏の寝どころへ行くとて、三つ四つ、二つ三つ
など、飛び急ぐさへあはれなり。まいて雁などの列ねたるがいと小さく見ゆるは、いとをか
し。日入り果てて、風の音、虫の音など、はたいふべきにあらず。

冬は、つとめて。

第5章 Markdown ライティングを実践しよう | 71

```
#### つとめて

雪の降りたるはいふべきにもあらず。霜のいと白きも、またさらでも、いと寒きに、火など
急ぎ熾して、炭もて渡るも、いとつきづきし。

#### 昼

昼になりて、ぬるくゆるびもていけば、火桶の火も、白き灰がちになりて、わろし。
```

最後に、画面上部の「プレビュー」タブで、ブログ上の表示イメージを確かめましょう。実際のはてなブログ（記事編集画面）で、下書き原稿を清書用に書き換える様子を図34に示します。

図34: はてなブログ：下書き原稿を清書用に書き換える

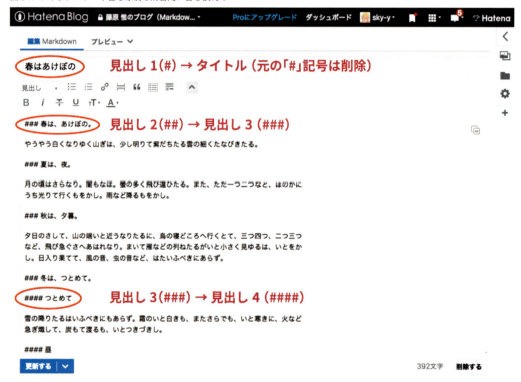

書き換えが終わったら、記事編集画面の上部にある「プレビュー」タブをクリックして、見た目を確かめてみましょう（図35）。もしかすると、プレビュー結果が期待通りではないかもしれません。「編集」タブをクリックし記事編集画面に戻って、必要であれば見出しレベルを修正しましょう。

図35: はてなブログ：プレビューで見た目を確かめる

画像を貼ってみる

　これだけでは少し味気ないので、画像を入れてみます。

　ただし、第4章の**きほん4**（画像記法）で説明したとおり、直接Markdownの記法を手作業で書く必要はありません。はてなブログの「写真を投稿」機能を使い、画像のアップロードと記法の挿入を一気に済ませます。

　まず、「編集」タブをクリックし記事編集画面に戻りましょう。1行目「### 春は、あけぼの。」の先頭でEnterキーを2回押し、あとで画像が入るスペースを確保します。そして、キーボードのカーソルを1行目の先頭に合わせておきます（この位置に画像を挿入します）。

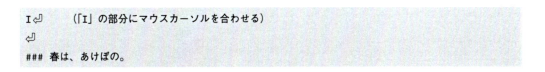

　次に、素材となる画像を用意しましょう。今回はPixabayという写真検索サイトから、無料かつ著作権上の問題がない[11]写真を見つけてみました（図36）。

11.「Creative Commons CC0」というライセンス。商用利用無料で、帰属表示は必要ありません。

図36: Pixabayの写真素材[12]

この画像をダウンロードして、適当なフォルダ（「ダウンロード」など）にいったん保存しましょう。
続いて、はてなブログの記事編集画面に戻って画像をアップロードします（図37を参照）。

1．右サイドバーから「写真を投稿」ボタンをクリック
2．「写真を投稿」サイドバーが表示されるので、「＋写真を投稿」ボタンをクリック
3．ファイル選択ダイアログが表示されるので、さきほどダウンロードした画像を選んでアップロードする
4．「**選択した写真を貼り付け**」ボタンをクリック

なお「貼り付け時に詳細を設定する」チェックボックスをオンにした場合は、「写真の詳細設定」という画面が出ます（図38）。お好みでキャプション（内容を説明する文章）を加えて、「記事編集画面に貼り付ける」をクリックしましょう。

図37: はてなブログ：写真を投稿

第5章 Markdownライティングを実践しよう

図38: はてなブログ：写真の詳細設定

編集画面（Markdown文書）に注目してください。次のような、謎のテキストが挿入されているでしょう（実際には微妙に異なります）。

```
<figure class="figure-image figure-image-fotolife" title="夕日">
[f:id:sky-y:20171109183448j:plain]
<figcaption>夕日</figcaption></figure>
```

とにかく、これでMarkdown文書に画像が挿入されました。再び「プレビュー」タブを見ると、画像が挿入されたことがわかるでしょう（図39）。

図39: はてなブログ：画像が挿入された

　実は、はてなブログのMarkdownモードでは、Markdownの画像記法を使うことはめったにありません。さきほどのテキストは、はてな記法[13]の画像記法（2行目）と、HTMLタグ（1・3行目）の組み合わせです（この意味がわからなくても、今はかまいません）。

　要するに、はてなブログでは「写真を投稿」ボタンから画像をアップロードして画像が挿入できる、と覚えておけばOKです。

公開してみる

　「プレビュー」タブで見た目を確認したら、いよいよ「公開する」ボタンを押してしてみましょう。図40のような感じで、記事が公開できました。

---

13. はてなブログ（および前身のはてなダイアリー）では、はてな記法という軽量マークアップ言語でもブログを書けます。はてなブログで画像のレイアウトを細かくカスタマイズするには、Markdownモードであってもはてな記法（もしくはHTMLタグ）を使う必要があります。

第5章 Markdownライティングを実践しよう　　77

図40: はてなブログ：公開後のブログ記事

以上で、下書き段階のメモ書きから始めて、清書段階のブログ公開まで完了しました！

まとめ：はてなブログでMarkdownライティング

　本章では、2段階執筆（下書き段階→清書段階）の考え方を元にして、Markdownによる執筆方法を具体的に紹介しました。

- 下書き段階：ネタ・メモ書きから文章を組み上げる
- 清書段階：はてなブログで編集・画像挿入・公開

　執筆を2段階に分けると、下書き段階の執筆が楽になります。清書段階の媒体が何であっても、柔軟に対応しやすくなります。このように、特にMarkdownによる執筆において、2段階執筆は幅広い応用ができる方法であると筆者は考えます。

　一方で、実際にやってみると「2段階執筆が合わない」「リッチテキストに一発書きした方が書きやすい」という方もいるでしょう。その場合は、あなた自身に合った方法で執筆してください。Markdownも含めて「無理強いをしない」というのが、本書の方針です。

5.4 WordPressでMarkdownライティング

　これまで、はてなブログを中心にしてMarkdownを使ったライティングの例を紹介してきました。本節では、もう一つのブログサービス・システムであるで、Markdownによる記事公開をするための手順を説明します。

　以下、WordPressの基本的な操作ができることを前提とします。

　まず前提として、WordPressは2つの形で提供されています。

- クラウド版「WordPress.com」
    - インストール不要で、Webサービスとして登録するだけで使えるタイプ
    - 無料で利用を開始できる
    - カスタマイズをしたい場合は、アップグレードが必要（有償）

- ソフトウェア版
    - 各自でサーバにインストールするタイプ
    - 自身でサーバを調達して（レンタルサーバなど）、インストール作業をする必要がある
    - カスタマイズの自由度が高い

さらにクラウド版では、いわゆる「管理画面」が2つあるので、注意してください（図41）。

- スタートページ
    - クラウド版「WordPress.com」独自の管理画面
- ダッシュボード
    - クラウド版とソフトウェア版の両方で利用できる管理画面

以下、ダッシュボードの画面を用いて説明します（スタートページでも同様の操作が可能です）。

図41: WordPressの管理画面：スタートページとダッシュボードの違い

方法1：プレビュー画面からリッチテキストをコピー＆ペーストする

最も簡単かつ、既定のWordPress環境で可能な方法を最初に紹介します。それはMarkdown専用エディタを開き、**プレビュー画面からコピー＆ペーストし、そのまま「ビジュアル」エディタに貼り付ける**方法です（図42）。原理については、第6章で説明します。

ただし、WordPress上の編集も、既定通りの「ビジュアル」エディタの操作に準じます。つまり、元のMarkdown文書はWordPress上で編集できないので注意してください。

図42: WordPress 方法１：リッチテキストをコピー＆ペーストする

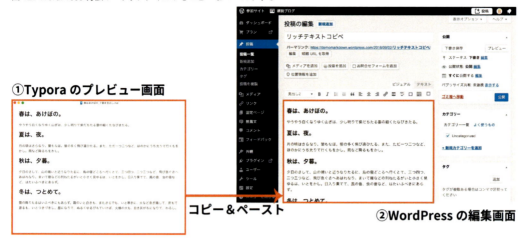

方法２：WordPress エディタ上で Markdown 文書を直接入力・編集する

　もう一つの方法は、**Markdown 文書を WordPress エディタ上で直接入力または編集する**方法です。多少の設定もしくはインストールが必要ですが、Markdown に慣れた方にはこちらがお勧めです。設定方法は、付録「アプリのインストール・設定方法」をご覧ください。

　以下、クラウド版の「WordPress.com」を例にして説明します。

　まず、ダッシュボードの「投稿」→「新規追加」（スタートページの場合は「ブログ投稿」→「追加」）をクリックして、投稿画面を表示します。

　第２章で言及したとおり、WordPress のエディタには「ビジュアル」と「テキスト」（または「HTML」）の２種類があります。

- 「ビジュアル」エディタ
    - リッチテキストを編集できるエディタ
- 「テキスト」エディタ
    - プレーンテキスト（HTML）を編集できるエディタ

どちらのエディタでも、Markdown を使って投稿を編集できます。ただし、**それぞれで Markdown の扱いがまったく違う**ので注意してください。

- 「ビジュアル」エディタ上での Markdown
    - **リアルタイムプレビュー**が可能（Typora のプレビュー画面と同様）
- 「テキスト」エディタ上での Markdown
    - プレーンテキストの Markdown 文書を編集可能
    - HTML と Markdown を混在できる

「ビジュアル」エディタの場合

　「ビジュアル」エディタでは、Typora のプレビュー画面（リアルタイムプレビュー）と同様の動作をします。つまり、**Markdown の記号をキーボードで打って Enter キーを押すと、その場でリッ

チテキストへ変換されます（図43）。また、Markdown専用エディタ（Typoraなど）からは、**プレビュー画面からのコピー＆ペースト**が可能です（「方法1」と同様）。

図43: WordPress 方法2：「ビジュアル」エディタの場合

①この状態で Enter を
クリックすると……

②見出し記法として
プレビュー表示に変換される

ただし、内部ではHTMLとして保存されます。つまり「テキスト」エディタに切り替えると、既定の動作と同様に、**（Markdown文書ではなく）リッチテキストに対応するHTMLが表示されます**。「ビジュアル」エディタをメインに使う場合は、Markdown文書をそのまま取り出せないことに注意してください。

また、一部のインライン要素（特に**きほん1**の太字記法）は、内部的に正しく処理されるにもかかわらず、「ビジュアル」エディタ上でそのまま反映されないようです。「ビジュアル」エディタの上でそのまま「**太字**」のように書いた場合は、「プレビュー」ボタンを押してプレビュー画面を開くことで、初めて「**太字**」のように適用されたことがわかります。

「テキスト」エディタの場合

「テキスト」エディタ（または「HTML」エディタ）では、プレーンテキストのMarkdownを直接入力できます。はてなブログのMarkdownモードと同様に、プレーンテキストのMarkdown文書（Typoraのソースコードモード）を、直接WordPressの投稿画面に貼りつけて編集できます。

図44: WordPress 方法２：「テキスト」エディタの場合

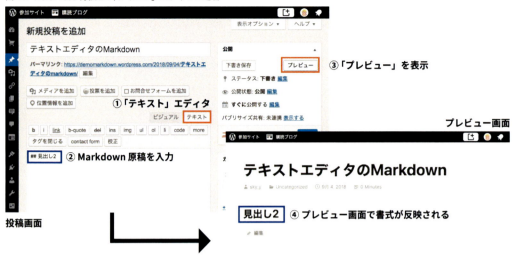

　ただし、内部ではプレーンテキストのMarkdown文書として保存されます。つまり「ビジュアル」エディタに切り替えると、既定の動作とは異なり、**（リッチテキストではなく）元のMarkdown文書が表示されます。**「テキスト」エディタをメインに使う場合は、「ビジュアル」エディタのツールバーがそのまま利用できないことに注意してください。

　なお「テキスト」エディタではMarkdown文書に加えて、既定の動作と同様に、**WordPressで利用されるHTMLを直接埋め込むことが可能です。**「テキスト」エディタのツールバーを用いたHTMLコードの挿入も、同様にMarkdown文書と混在して利用できます。この原理については、第6章でも説明します。

　以上のように「ビジュアル」エディタと「テキスト」エディタで、Markdownの扱いは大きく異なります。そのため、「ビジュアル」エディタのリッチテキストと「テキスト」エディタのプレーンテキスト（Markdown文書＋HTML）は、**相互に変換できません。**

　WordPressでMarkdownを利用する際は、**メインで使うエディタを「ビジュアル」と「テキスト」のどちらかに統一しましょう。**Markdownの扱いをできるだけ混在させないことが重要です。

WordPressのMarkdown

　WordPressでは、本章までに紹介した記法（ミニマムMarkdown・きほんのMarkdown）を、大まかにはそのまま利用できます[14]。

　ただし、WordPressのMarkdownでは、**改行の挙動に注意が必要です。**
- 「ビジュアル」エディタ（リッチテキスト）
    - Enterキー1回は改段落扱い（HTMLの`<p>`に相当）
    - Shift + Enterキーで強制改行が可能（HTMLの`<br/>`に相当）
- 「テキスト」エディタ（Markdown文書＋HTML）

---

14. WordPress.com:*Markdown quick reference*.https://en.support.wordpress.com/markdown-quick-reference/. [参照: 2018年3月30日].

82　　第5章 Markdownライティングを実践しよう

- Markdown文書上の改行（Enterキー1回）が、そのまま出力されてしまう
- 「2つのスペースで強制改行」（**ミニマム2'**）も無効になる

実際に「ビジュアル」と「テキスト」を比べながら、改行の扱いを実験してみてください。 Enterキー1回が改段落（<p>要素）に、Shift + Enterキーが強制改行（
要素）に対応していることがわかるでしょう。

見出しの意味付けは、多くの場合で図45のとおりです。実際には、設定されたWordPressテーマに依存します。

図45: WordPressのMarkdown：見出しの意味付け

意味	下書き（Typora）	清書（WordPress）
タイトル （大見出し）	#␣見出し1	**タイトル欄へコピー＆ペースト** **元の見出し記号（#␣）は削除する**
中見出し	##␣見出し2	##␣見出し2
小見出し	###␣見出し3	###␣見出し3

画像の挿入

「ビジュアル」「テキスト」のどちらのエディタでも、画像の挿入はツールバーの「メディアを追加」ボタン（スタートページの場合は「＋追加」ボタン）から行えます。

「ビジュアル」エディタの場合は、リッチテキスト上に直接画像が表示されます。「テキスト」エディタの場合は、次のようなテキスト（HTMLの<img>要素）が挿入されます（実際には微妙に異なります）。

```
<img src="https://demomarkdown.files.wordpress.com/2018/09/logo.png"
alt="" width="144" height="144" class="alignnone size-full wp-image-36" />
```

いずれも、厳密にはMarkdownの画像記法（**きほん4**）とは異なりますが、この方法が最も簡単でしょう。

第5章 Markdownライティングを実践しよう 83

コラム：次期WordPressエディタ「Gutenberg」について

　次の大きなアップデートにあたるWordPress 5.0より、「Gutenberg」という新しいエディタが正式採用される予定です。執筆時点（WordPress 4.9.8）では、Gutenbergは別途プラグインとして提供されています。また、公式サイト[15]自体がGutenbergのデモも兼ねているため、WordPressのアカウントがなくてもGutenbergの動作を試せます。

　さまざまな種類の「ブロック」で投稿を構成するのが大きな特徴で、書き心地としてはブログサービスの「Medium」や「note」に近い感じになります。筆者の主観としては、Gutenbergは「より気持ちよく書ける」感じがします。一方で、エディタシステムを根底から刷新するため、「従来のプラグインが利用できなくなる」「従来使えていた機能が使えなくなる」可能性も現時点ではあります。

　公式サイトのデモを筆者がいくつか試したところ、Gutenberg既定の動作は、上記のMarkdown対応「ビジュアル」エディタと同様のようです。一方で、「テキスト」エディタのように直接Markdown文書を貼り付ける方法は、今のところ不明です。正式採用の時期や動作の詳細などについては、今後の情報に注目しましょう。

15.https://wordpress.org/gutenberg/

第6章 Markdownをさらに活用する

これまでの章で、Markdownの基本は一通り説明しました。ここからは、さらにMarkdownを活用したい・極めたい方へのガイドやこぼれ話が中心になります。

本章では、特にMarkdownの応用的・実践的な知識について説明します。これらは必ずしも必要ではないかもしれません。読み物として軽くお読みいただくか、辞典代わりに必要に応じて参照いただければ幸いです。

6.1 さまざまなツールで書くMarkdown

今まではPC上の環境を中心に執筆環境を紹介してきました。しかし、プレーンテキストとしてのMarkdownの強みは「媒体を選ばない」ことだと筆者は考えます。

本節ではPC以外の端末や、そもそもMarkdownに対応しない環境で、Markdown文書を書く方法をいくつか紹介します。

スマートフォンでMarkdown（ByWordとDropboxの活用）

スマートフォンを執筆の道具として使えるようになると、非常に便利です。

iOSアプリのMarkdown専用エディタには、いくつかの選択肢があります。筆者はByword[1]（図46、有料：1,300円）を愛用しています。価格は少し高いのですが、シンプルで使いやすいアプリです。iCloudやDropboxを通じてMarkdown文書を同期できるため、上記のPC向けアプリと併せて使うと便利です。

図46: Byword（iPhoneアプリ、画像は公式サイトより引用）

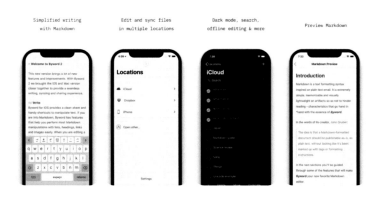

---

[1] https://bywordapp.com/ または App Store で「Byword」と検索してください。 ByWord の macOS 版も、Mac App Store にて$10.99 で販売されています。

その他にも次のiOSアプリが利用できます（いずれもApp Storeからアプリ名で検索してください）。いずれも「共有」ボタンによって、Markdown文書やHTMLなどを外部にエクスポートできます。

- 1Writer（600円）
  - iCloud DriveやDropboxと同期可能
- Bear（無料）
  - Pro版（月額$1.49、年額$14.99）へアップグレードすると、iCloud同期や高度なエクスポートが可能に
- iA Writer（$4.99）
  - マルチプラットフォーム（Windows、macOS、Androidにも対応）
- Type（無料）
  - 月額120円で端末間同期が可能に

Androidアプリでも、Markdown専用エディタの選択肢はいくつかあります。ただし筆者はAndroid端末を持っていないため、残念ながらAndroid版のMarkdownアプリについて使い心地は把握していません。筆者が調べた限りでは、次のアプリが利用できるようです（Google Playストアで検索してください）。

- JotterPad
  - 脚本・小説のような長文執筆向け
- Epsilon Notes
  - 数式を扱える
- iA Writer
- Writer Plus

以下では、iOSアプリのBywordを中心として、もう少し説明します。

BywordにはDropboxとの同期機能があります[2]。Dropboxを使ってPCとスマートフォンの両方でMarkdown文書を同期・アップロードしておけば、次のような2段階執筆を実現できます（図47）。

- 下書き段階（外出先でiPhoneを開く）
  - Bywordを開き、メモ書きをMarkdownで書いて保存する
  - Bywordを通じて、メモ書きがDropboxのフォルダに同期される
- 清書段階（自宅でPCを開く）
  - あらかじめDropboxのフォルダを同期しておく
  - Typoraを開き、Bywordで作成したMarkdownのメモ書きをまとめる
  - 1つのMarkdownファイルに仕上げる

2.Dropbox:*Dropbox*.https://www.dropbox.com/. [参照: 2018年4月10日].

図47: Byword と Dropbox の同期

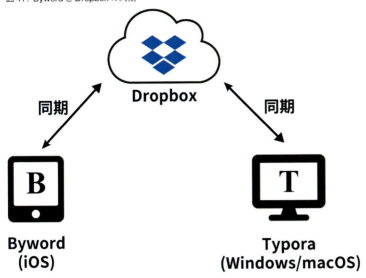

　筆者はMarkdownを中心とした執筆関連のファイルを、常にDropboxに入れています。あらかじめDropboxのアカウントを作成し、PC上にもDropboxアプリをインストールしておくと、Byword での編集・ファイル共有も楽になります。

　Dropboxに似たWebサービスはいくつかありますが[3]、Markdownで執筆するならDropboxがお勧めです。DropboxにはWeb画面でのMarkdownプレビュー機能があり、Markdownとの相性が非常によいからです。

ポメラでMarkdown

　第2章の**ミニマム1**でも説明したとおり、Markdownはプレーンテキストで書くための記法でした。Markdownファイルの正体は、ただのプレーンテキストです。つまり、プレーンテキストが書ける環境であれば、あらゆる手段でMarkdownを書けることになります。

　たとえば、キングジムのデジタルメモ「**ポメラ**」は、基本的には「プレーンテキストを書く」ためだけの電子機器です[4]。ポメラをお持ちの方は、Markdownを覚えたその日から、ポメラでMarkdown記法を使ってもよいのです。

　ただし、ポメラそのものはMarkdownに対応していません。記法の使い方が正しいかどうかをチェックしたくても、その場でプレビュー画面を開けません。そのため、ポメラ上でのMarkdown記法のミスがあった場合、原稿をPCに取り込んだ時点でMarkdownアプリを使いプレビューするか、清書段階の中で原稿中のミスを修正していくことになります。

---

3. 一般に「オンライン（クラウド）ストレージサービス」と呼ばれます。他にはGoogleの「Googleドライブ」や、Microsoftの「OneDrive」などがあります。
4. KING JIM: デジタルメモ「ポメラ」. http://www.kingjim.co.jp/pomera/. [参照: 2018年4月12日].

手書きでMarkdown

　紙の手帳の世界では、**バレットジャーナル**という、すばやくメモやタスクを手書きで整理するための方法論が流行しつつあります[5]。

　バレットジャーナルの特徴は、箇条書きや記号の活用です。箇条書きの点「・」のことを、英語でバレット（bullet）と呼ぶのです。バレットジャーナルにおける記法の一例を次に示します[6]。

```
- メモ
・ 新しいタスク
× タスクの完了（・の上から×を重ねる）
> タスクの先送り
< タスクのスケジューリング完了
○ イベント（日時のあるタスク）
```

　……なんとなく、Markdownに似ていませんか？　特にメモの「-」は、Markdownとまったく同じです。

　手書きメモであっても、Markdown（のような）記法で書いてもよいと筆者は考えます[7]。実際、PCやスマートフォンではMarkdownで書いている筆者も、紙の手帳ではバレットジャーナルを運用しています。特にメモ「-」はMarkdownでもそのまま使えるため、バレットジャーナルとの相互運用が可能です。

　ただし、いくつかの記法が足りません。特にタスク「・」は最も重要ですが、CommonMarkの範囲では定義されていません。そこで、第7章で説明するGitHub Flavored Markdownのタスクリスト記法を借りてみましょう。

```
- [ ] タスクの作成
- [x] タスクの完了
```

　他にも足りない記法（イベント「○」など）もありますが、ひとまずこれで「Markdownメモとバレットジャーナルとの相互運用」がある程度まで可能でしょう。

　Markdownはシンプルな記法です。そのため応用範囲が広く、あらゆる場面で使えます。一度覚えておけば、仕事とは関係ない場所（たとえば冷蔵庫に貼るメモ書き）でも、「うっかり」使ってしまうぐらいに便利です。ぜひ日常生活でも取り入れてみてください。

コラム：シンプル・便利なメモアプリ「Dropbox Paper」

　Dropboxの関連Webサービスとして「Dropbox Paper」があります[8]。これはブラウザ・スマートフォン対応のシンプルで便利なメモアプリです。次のような特徴を持ちます。

・Typoraと同様に、キーボードでMarkdownの記号（見出しの「#」など）を打てば、瞬時に書式として反映される

5.Marie: 「箇条書き手帳」でうまくいくはじめてのバレットジャーナル. ディスカヴァー・トゥエンティワン, 2017.
6.このような記法の一覧を、バレットジャーナルではkeyと呼びます。keyはバリエーションがいくつかあり、必要に応じて各々でカスタマイズ可能です。
7.ただし厳密には「プレーンテキスト」という要件を外れます。

- ・マウスのみでも書式を指定できるため、予備知識がなくても使いやすい
- ・メモは Markdown と互換性があるため、エクスポート機能により Markdown 文書をダウンロード可能
- ・複数人で同時に編集・コメントが可能
- ・Dropbox 上のファイルへのリンク・図表の挿入補助・プレゼンモードなど、実用的な機能がそろっている
  筆者の主観としては、同じ「ブラウザ上で動くメモアプリ」でも次のような違いがあります。
- ・esa（第3章コラムで紹介）
  - − Markdown テキストを直接編集する
  - − エンジニア向けの外部機能連係が充実している
  - − 運営の対応が親切できわめて早い
  - − デザインが丁寧に作られている（アイコンの鳥もかわいい）
- ・Dropbox Paper
  - − 基本無料（個人用途の場合）
  - − Markdown テキストは直接編集できない（間接的に扱える）
  - − ビジネス用途や複数人による同時編集に強い
  - − シンプルでスマートフォンからの操作も快適

8.Dropbox:*Dropbox Paper*.https://paper.dropbox.com/. [参照: 2018 年 8 月 4 日].

6.2 Markdown 文書からリッチテキストへ

これまで説明したように、Markdown による執筆そのものは場所・端末・媒体を選びません。一方、目的（提出先・公開先）の媒体や形式が、そもそも Markdown に対応していない場合の方が多数派でしょう。

特にライティング業務では、リッチテキスト系のファイル形式がよく用いられます。下書きの提出手段として Word ファイルや Google ドキュメントなどを指定されることや、清書で WordPress の「ビジュアル」エディタを直接使うこともあるでしょう。筆者も、Markdown で書いたメモを、リッチテキストとして Evernote に保存したい場合があります。

以上のような場合でも Markdown 文書を活用するために、 Markdown 文書をリッチテキストやワープロソフトの形式へ移すための方法をこれから説明します。

前提知識：見出しとアウトライン（構造）の関係

第4章では、Markdown の見出し記法（**きほん2**）を紹介しました。**見出しの扱いは、Markdown 文書から Markdown 非対応アプリの形式へ変換する上で重要となります。**なぜなら、Markdown 以外の形式（特にリッチテキスト）では、見出しを正しく認識してくれない場合があるからです。

たとえば、Word には「**見出しスタイル**」という機能があります[9]。具体的には「見出し1」「見出し2」のような見出しスタイルが Word で用意されています（図48）。

9.森田圭:いちばんやさしい *Word 2016 スクール標準教科書 上級*. 日経 BP 社, 2016.

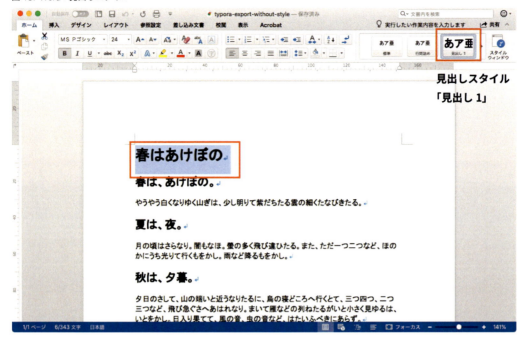

図48: Word：見出しスタイル

見出しスタイルには、次の2つの役目があります。

- **スタイル（見た目）**を定義する
    - 同じレベルの見出しであれば、複数を一括で見た目（フォント・文字装飾など）を変更可能
- **アウトライン（構造）**を定義する
    - 文書全体の構造を明確化する
    - アウトラインを元に、Word上で目次を作成可能
    - 章番号を自動的に更新する設定が可能（アウトライン番号機能）

Wordで見出しスタイルを適用するには、「ホーム」タブ→「スタイル」欄から、スタイル名（たとえば「見出し1」「見出し2」）を選びます。

このように、Wordで見出しスタイルを正しく活用することは、Word上の編集や清書においても大きなメリットがあります。しかし、Markdown文書からWord文書へ変更する際に扱いを間違えると、次のような「見出しモドキ」のリッチテキストができてしまうことがあります。

- 見た目：太字・大きめの文字
    - 人間にとっては「見出しっぽい」ように見える
    - Wordの文字装飾では「太字＋文字サイズ変更」という扱い
- アウトライン（構造）：**定義されていない**
    - Wordのスタイルでは「見出しではない本文テキスト」という扱い
    - 目次機能やアウトライン機能（コラムに後述）の恩恵を受けられない

本節では、Markdown文書を（Wordなどの）目的のファイル形式へ変換する方法を紹介していきます。その際に「**見出しの構造を正しく持ち運べるかどうか**」という観点に注目してください。

プレビュー画面からリッチテキストをコピーする

　Markdown文書からリッチテキストを得る最も簡単な方法は、「Markdown専用エディタの**プレビュー画面**から、直接コピー&ペーストをする」という方法です（図49）。これで（簡易的な）書式付きのリッチテキストを、そのまま目的のエディタへ貼り付けられます。さくっと用を済ませたい場合やEvernoteへ貼り付けたい場合などは、この方法でも十分でしょう。

　筆者が実験したところ、次の場合は、見出しレベルも含めてリッチテキストを正しく貼り付けられました。

・コピー元（それぞれプレビュー画面）
  - MarkdownPad（Windowsのみ）
  - MacDown（macOSのみ）
  - Typora（Windows・macOS）
・貼り付け先（それぞれWindows・macOSで確認）
  - Goodleドキュメント[10]
  - LibreOffice Writer[11]
  - WordPress

10.Googleドキュメントにこの方法でリッチテキストを貼り付けると、見出しが構造的に正しくても、その文字サイズが異様に大きくなるかもしれません。その場合は、どこか1箇所の見出しを適切なサイズに変更した上で、ツールバーのスタイル名（「見出し1」などと表示）をクリックし、〈「見出し1」（スタイル名）をカーソル位置のスタイルに更新〉を選んでスタイルを一括更新できます。

11.LibreOfficeはオープンソースのオフィスソフトです。無料で利用でき、Microsoft Officeとの互換性が高いという特徴を持ちます。

図49: TyporaからGoogleドキュメントへコピー＆ペースト

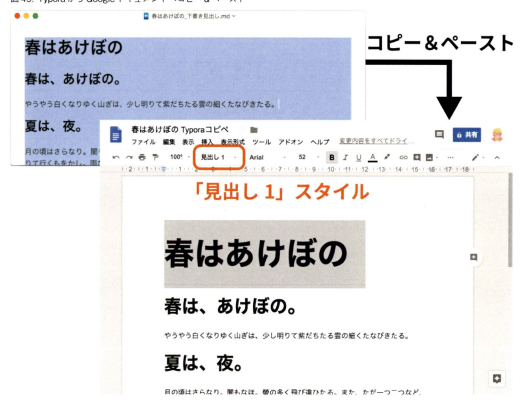

ただし、**貼り付け先がWordの場合は問題があります。**この方法では、Wordに対して見出しレベルという構造の情報ではなく、単なる「太字＋文字サイズ指定」という見た目だけの情報しか持ち越せません。Wordで開いて見出し部分をクリックしても、ツールバーの「スタイル」は「標準」のままです。つまり「見出しモドキ」ができてしまいます。

実際にTyporaのプレビュー画面（通常の編集画面）からコピーし、Wordに貼り付けてみました。すると、Markdownで「見出し1（#）」だった部分がWordで「太字＋27pt」として貼り付けられてしまいました（図50）。

図 50: Typora から Word へコピー＆ペースト（見出しではなく「標準スタイル」に）

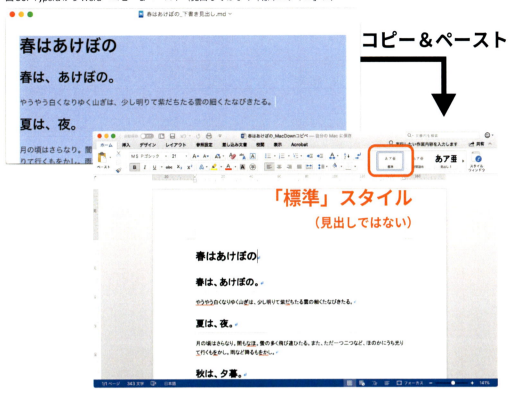

HTML にエクスポートし、Word で直接開く

見出しレベルのスタイル（構造）を含めて、確実にコピー＆ペーストでリッチテキストを運ぶには、次のような手順を踏むと確実です。

1．HTML ファイルにエクスポートする
2．Word で HTML ファイルを**直接開く**

Typora の場合、メニューバーの「ファイル」→「エクスポート」→「HTML (Without Styles)」[12]で、HTML ファイルをエクスポートできます。

Word を開き、「ファイル」タブ→「開く」（macOS：メニューバー「ファイル」→「開く…」）から、**Typora からエクスポートした HTML を直接開いてください（図 51）**。このように開くと Word でも見出し部分の「スタイル」が、「見出し 1」などの正しい見出しと認識されます。

12.「ファイル」→「エクスポート」→「HTML」の場合は、CSS のスタイルも含めてエクスポートされます。Word で最終的にスタイルを調整する場合は、「HTML (Without Styles)」の方をお勧めします。

図51: TyporaからHTMLエクスポート、Wordで直接開く

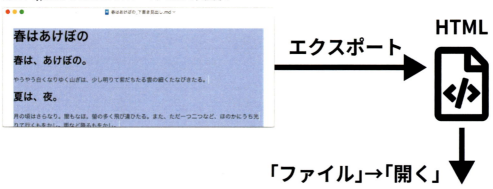

なお、Wordは直接HTMLファイルを開いた場合、上書き保存のときに同じHTMLファイルへ保存しようとします。**最後に、Word本来の形式（docx）で「名前を付けて保存」をすることを忘れないようにしてください。**

Typora：Word形式で直接出力する

　Typoraの場合は、Markdown文書からWord形式のファイルを直接出力できます。
・メニューバーの「ファイル」→「エクスポート」→「Word (.docx)」
ただし、次の点に注意してください。
- **事前に「Pandoc」というソフトウェアをインストールする必要があります**
    - 付録「アプリのインストール・設定方法」を参照
- 出力されるWordファイルには、既定の書式（青を基調とした少し派手なテーマ）が付いています
    - Wordの「デザイン」タブを使うと、好きなテーマに一括で変更できます
    - もしくは「ホーム」タブのスタイル欄で、個別のスタイル（「見出し1」など）の書式設定を変更できます

手作業で書式を付ける

　どんな場合でも使える最終手段は、「人間がMarkdownを解釈し、手作業で書式を付ける」こと

です。一見、Markdownを使う必要性すら感じられないかもしれませんが、それでも有用であると筆者は感じます。

実際に、筆者は本書の前身となるWeb連載「文系のためのMarkdown入門」[13,14]を、noteという媒体で書いたことがあります。2018年8月現在、noteのエディタはMarkdownに対応しておらず[15]、リッチテキストをコピー&ペーストした場合も書式が無効になります。

しかし、Markdownの入門記事を書く以上、どうしても原稿はMarkdownで書きたかったのです。そこで、次のような手段で執筆を進めることにしました。

1．Markdownで下書き原稿を書く
2．noteのエディタに下書き原稿をペーストする
3．Markdownの書式（見出し・太字・リンク）を元に、手作業（マウス）で書式を付ける
　　－元のMarkdown用記号は削除する
　　－noteエディタ上で内容を訂正した場合は、元の下書き原稿にも反映させる
4．公開する

実際にやってみると、たしかに手間ではありました。それでも次のメリットは大きいと感じました。

・下書きを好きな環境で書ける
・下書き時点で見出し・太字・リンクを埋め込んでおける
・他の媒体へ下書き原稿を使い回せる（まさに本書のことです）

以上のように、いくつかの手段でMarkdownを他の形式へ変換できることを知っておけば、「原稿をMarkdownで執筆する」ことのメリットが感じられるでしょう。

コラム：構造とスタイルの分離

一般に「**構造とスタイルの分離**」という原則は、文書をコンピュータで扱う上で重要です。この原則が守られていると、コンピュータによる文書の解析や操作支援の恩恵を受けやすくなります。たとえばWebサイトの場合は「検索エンジンが高い順位を与えやすくなる（SEOに有利）」「読み上げソフトが正しく読み上げてくれる」などのメリットがあります。

Webサイトの場合、次のような役割分担があります。
・HTML：構造と内容（コンテンツ）の定義
・CSS：スタイル（見た目）の定義

第2章で説明した通り、GruberのMarkdownはもともとHTMLへ変換するために決められた記法です。その経緯もあり、Markdownを使うと構造の定義が容易に可能です。Markdownを使った執筆スタイルに慣れると、「構造とスタイルの分離」を自然と意識できるようになるでしょう。

しかしMarkdown（特にCommonMark）が定義する記法の範囲では、少し凝ったスタイルを定義するのは困難です。Markdownを元にして執筆する場合は、第5章で説明した清書段階でスタイルを作り込むとよいでしょう。

---

13. 藤原惟:*Markdown ライティング入門 (note)*.https://note.solarsolfa.net/m/m0ee0e40a1c72. [参照: 2018年3月26日].
14. 現在は本書と同じ「Markdown ライティング入門」という名前です。
15. noteのエディタをMarkdownに対応させる計画はあるようです（https://note.mu/fladdict/n/naac944b0078f）。ただし、いつ実装されるかは不明です。

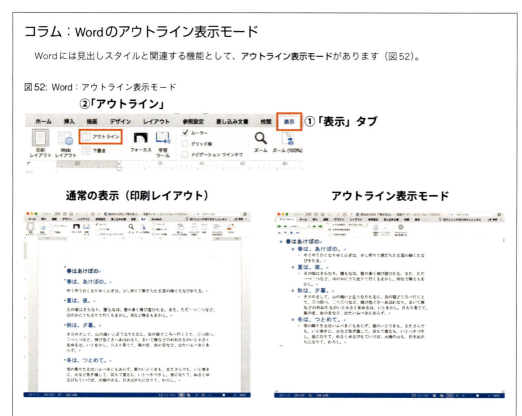

図 52: Word：アウトライン表示モード

アウトライン表示モードを使うと、考えながら容易に構造を組み立てられます。「見出しの下にある文章を折りたたんで、文章全体を眺める」「見出し単位で文章を纏入れ替えする」といったダイナミックな編集も可能となります。

アウトライン表示での文字の入力は、見出しスタイルの適用と直結しています[16]。アウトラインの深さと見出しレベルは対応しており、アウトラインとして入力した文字列は対応する見出しスタイルが自動的に適用されます。

Wordでアウトライン表示モードに切り替えるには、「表示」タブ→「アウトライン」の順でクリックします。元の表示（印刷レイアウト）に戻したいときは、「アウトライン」タブの「アウトライン表示を閉じる」、または「表示」タブの「印刷レイアウト」で戻せます。

---

16. 森田圭: いちばんやさしい Word 2016 スクール標準教科書 上級. 日経 BP 社, 2016.

6.3 Markdown と HTML

本節では、HTMLをある程度知っている方へ向けて説明します。HTMLに詳しくない場合は、読み飛ばしてもかまいません。

すでに説明したとおり、GruberのMarkdownはもともとHTMLを出力するための記法でした。そのためHTMLを理解している方なら、「MarkdownとHTMLの対応」を覚えたほうが、よりスムーズにMarkdownを覚えられるでしょう。

MarkdownとHTMLの対応表を図53に示します。

図53: Markdown と HTML の対応表

ルール	記法1	等価な HTML	出力例
ミニマム2	1つ目の段落↵ ↵ 2つ目の段落	\<p>1つ目の段落\</p> \<p>2つ目の段落\</p>	1つ目の段落 2つ目の段落
ミニマム2' （強制改行）	1行目␣␣↵ 2行目	1行目\ 2行目	1行目 2行目
きほん1	**太字**	\太字\	**太字**
きほん2	#␣見出し1	\<h1>見出し1\</h1>	見出し１
	##␣見出し2	\<h2>見出し2\</h2>	見出し２
きほん3	[リンク](http://a.com)	\<a href="http://a.com">リンク\</a>	リンク
きほん3'	\<http://a.com>	\<a href="http://a.com">http://a.com\</a>	http://a.com
きほん4	![代替テキスト](a.png)	\<img src="http://url/a.png" alt="代替テキスト" />	M↓
きほん5	>␣引用	\<blockquote>引用\</blockquote>	▎引用
きほん6	*␣箇条書き *␣箇条書き	\<ul> \<li>箇条書き\</li> \<li>箇条書き\</li> \</ul>	・箇条書き ・箇条書き
きほん7	1.␣いち 2.␣に	\<ol> \<li>いち\</li> \<li>に\</li> \</ol>	1. いち 2. に
きほん8（水平線）	---	\<hr />	————————
きほん9（コード）	\`code（等幅）\`	\<code>code（等幅）\</code>	code（等幅）
きほん10 （コードブロック）	\`\`\` code 等幅 \`\`\`	\<pre>\<code>code 等幅 \</code>\</pre>	code 等幅

　ただし、Markdownのすべての記法が、一対一でHTMLに翻訳できるとは限りません。 2018年現在においてMarkdownは、HTMLに限らず印刷物や電子書籍などさまざまな用途に活用されつつあります。 Markdown方言の一部では「脚注」や「参考文献の引用」など、直接対応するHTML要素がない記法もサポートされていることがあります。

　そのため図53の対応表はあくまでも「参考」としておいてください。

見出しの対応

　見出し記法について、MarkdownとHTMLの対応を図54に示します。 HTMLを知っている方は、「#の数が、\<h1>〜\<h6>の数字と対応している」と覚えてもかまいません。

　特に、はてなブログのようにCSSがカスタマイズできる前提のWebサービスでは、最終的に

第6章 Markdownをさらに活用する　97

Markdown記法がどのようにHTMLとして出力されるかを知っておく必要もあります。わからなければ、実際にプレビュー画面を見ながら見出しレベルを調節してみてください。

なお、すべてのアプリ・Webサービスでこのように対応しているとは限りません。Markdown（のような記法）であっても、Markdownの見出しレベルと実際のHTMLの対応がずれている（そもそも<h1>〜<h6>ではない）場合もあります[17]。

図54: MarkdownとHTML：見出しの対応表

Markdown	HTML
#␣見出し1	<h1>見出し1</h1>
##␣見出し2	<h2>見出し2</h2>
###␣見出し3	<h3>見出し3</h3>
####␣見出し4	<h4>見出し4</h4>
#####␣見出し5	<h5>見出し5</h5>
######␣見出し6	<h6>見出し6</h6>

HTMLの直接埋め込み

逆に、多くのMarkdownアプリでは、Markdown文書へHTMLコードを直接埋め込むことが可能です[18]。HTMLの直接埋め込みは、実用的にもしばしば「最終手段」として活用できます。知っておくと、いざというときに役に立つでしょう。

また、外部Webサービスの「サイト埋め込み用コード」も、Markdown原稿に埋め込める場合があります。たとえばTwitterのツイートは、出力先がWebページの場合にこの方法で埋め込めます。

ただしこの方法は、多くのMarkdownアプリで「裏技」扱いにされがちです。マニュアルに明記されていない場合も、そもそもHTMLコードを一切解釈しない場合もあるでしょう。セキュリティ上問題となるHTML要素（<script>など）を中心に、アプリによっては解釈されないHTML要素もいくつかあります。以上の点に注意して、便利に使っていきましょう。

以下では、例を挙げながらMarkdown原稿にHTMLコードを直接埋め込む方法を説明します。

例：画像の調整

たとえば、次のような画像記法（**きほん4**）を考えます。

```
![](logo.jpg)
```

上記の画像記法に対して、たとえば次のように調整をしたいときがあります。

---

17. たとえば、ツイートまとめサイト「Togetter」の「テキスト装飾」機能では、「「Markdown」と呼ばれる記法も使用することができます」と明言されています（https://help.togetter.com/Chapter03/matome_text.html）。「H1」ボタンを押すと、「一番大きいサイズの見出し」とされる「#」が挿入されます。しかし、この「#」はHTML上で<span class="md-h-1">に変換されます。

18. 出力先の形式がHTMLの場合、あるいは最終的にブラウザ上で表示される場合（Webアプリ）に限ります。

１．画像の横幅を800px（ピクセル）に調整する

２．画像を中央寄せする

このような画像のスタイルを調整するには、それぞれ次の手段が使えます。

１．HTMLの画像用タグ（<img>）を、直接Markdown原稿に書く

２．Markdownの画像記法の前後を、HTMLの<div>要素で囲む

1. HTMLの画像用タグを、直接Markdown原稿に書く

Markdownの画像記法を諦める代わりに、HTMLの画像用タグを直接Markdown文書に埋め込むことが可能です。特に、画像のサイズ調整をしたい場合に必要です。

たとえば、画像の横幅を800pxに変更する場合は、HTMLでは<img>要素のwidth属性が利用できます。

```
<img src="logo.jpg" width="800"/>
```

このようなHTMLコードを、直接Markdown文書に書けばOKです。

2. Markdownの画像記法の前後を、HTMLの<div>要素で囲む

一方、画像自体はMarkdownの画像記法を使いつつ、その前後をHTMLの<div>要素で囲むことにより、「画像を含むブロック要素」に対してスタイルの調整が可能です。

補助的にHTMLを使うことも可能です。 HTMLの<div>要素を使えば、次のようなことが可能です。

・style属性によるスタイル（CSS）指定

　　－例：中央寄せ（text-align:center;）

・classおよびid属性の活用

たとえば、画像を中央寄せする場合は、次のような<div>要素でMarkdownの画像記法を囲みます。

```
<div style="text-align:center;">
![](logo.jpg)
</div>
```

最後に、①と②を組み合わせて、完全なHTMLコードをMarkdown文書に埋め込んでもかまいません。

```
<div style="text-align:center;">
<img src="logo.jpg" width="800"/>
</div>
```

HTML形式のコメント

　文章には、それ自体を表すテキストとは別に、明示されない文脈や背景があります。文脈・背景は、執筆者にとっては重要な情報ですが、最終的な出力・表示には「あえて見せない」ものでもあります。同様にプログラミングでは、機械への命令とは別に「人間のプログラマに向けた情報」をプログラムへ埋め込みたい場合もあります。

　このような「最終的な出力・表示に反映させたくないテキスト」を原稿に埋め込みたいときに、**コメント**を使うと便利です。

　Markdown（CommonMark）自体には「コメント記法」に相当する記法がありません。代わりに、さきほど紹介した「HTMLの直接埋め込み」を応用すると、HTML形式のコメントをMarkdown文書上で流用できます。

　HTML形式のコメントでは、コメント扱いにしたいテキストを「<!--」と「-->」で囲みます。たとえばMarkdown文書上で、次のように使えます。

```
はじまり

<!-- ここはコメントです。表示されません -->

おわり
```

　出力例は次のとおりです。「ここはコメントです。表示されません」というテキストが表示されていないことに注目しましょう。

```
はじまり
おわり
```

6.4 Markdownを活用するための小技

　本節では、今までに紹介しきれなかったMarkdownの小技を紹介します。すべてを覚える必要はないので、必要に応じて活用してみてください。

Markdownにない書式指示を日本語で仮置きする

　たとえば「中央寄せ」は、ワープロ文書やブログ記事などにおいて頻出の書式です。 WordやWordPressのツールバーを使えば、ボタン一発で指定できます。

　このような頻出の書式をMarkdownでスマートに表現できないのは、正直に言って不便かもしれません。

　外出先でスマートフォンやポメラなどで書いているときは、仮にMarkdownではない独自記法（自分や共同作業者だけがわかる記法）で「中央寄せ」を表現してもよいかもしれません。

　たとえば、下書き段階では、日本語で次のように書いてもよいでしょう。

```
【中央寄せ】
![](logo.jpg)
```

あるいは、HTMLのコメントを使って、日本語で表現する方法もあります。コメント内容はプレビュー画面に反映されないため、HTMLに慣れている方にとってはこちらがスマートかもしれません。

```
<!-- 中央寄せ ここから -->
![](logo.jpg)
<!-- 中央寄せ ここまで -->
```

下書き段階で仮置きした独自記法は、清書のときに忘れず手作業で解釈・反映させましょう。

半角記号をそのまま表示する方法

本書は、原稿を執筆している段階ではMarkdown文書として書かれています。いわば「Markdown自身でMarkdownについて書く」という状態です。

しかし、執筆を便利にするMarkdown記法が、かえって執筆の邪魔になるときがあります。そのひとつが「原稿に半角記号を直接書きたいとき」です。

たとえば、Markdownを説明するためには、「#」（ハッシュ記号）、「*」（アスタリスク）、「`」（バッククォート）なども紹介する必要もあります。これらの記号をそのまま書けば、Markdownアプリによって、予想外の挙動をされてしまう場合があります。つまり状況によってはこれらの記号が、見出し・太字・リスト・コードなどの各記法として解釈されるのです。

筆者はこのような場合に、**きほん9**のコード記法や**きほん10**のコードブロック記法をフル活用しています。たとえば「#」「*」は、実際のMarkdown文書では「`#`」「`*`」と書いています。

ただしバッククォート「`」だけは特例で、次のように書く必要があります（「␣」は半角スペース）。

バッククォート1つ「`」は、Markdown文書の上で「``␣`␣``」と書く
バッククォート2つ「``」は、Markdown文書の上で「`␣``␣`」と書く

またMarkdown（CommonMark）には**エスケープ**という記法もあります。エスケープを使うと、記号をそのまま出力できます。

・ルール1：記号の前にバックスラッシュ「\」を入れる
　－例：　「#」→「\#」、「*」→「*」
・ルール2：バックスラッシュ「\」自体は「\\」と書く

なお半角のバックスラッシュ「\」は、文字コードの歴史的な経緯から特に注意が必要な記号です。

Windowsでは、バックスラッシュと半角円記号（「¥」の半角文字）は同一視されます。使用するフォントによって、バックスラッシュは半角の円記号として表示されることがあります。一方、

macOSではバックスラッシュと半角円記号は異なる文字として扱われます。

Markdownで使うバックスラッシュを日本語キーボード（JIS配列）で打つ場合、日本語入力をオフにした状態で次のキーを打ちます。

・Windowsの場合
　– 「BackSpaceの左隣にあるキー」
・macOS
　– optionキー +「BackSpaceの左隣にあるキー」

macOSの場合、「BackSpaceの左隣にあるキー」をそのまま押すと半角円記号が入力されます。そのためバックスラッシュを入力するには、optionキーと一緒に打つ必要があります。

第7章 GitHub Flavored Markdown（GFM）

特にエンジニアからの人気が高いMarkdown方言「**GitHub Flavored Markdown**」を本章では紹介します。

GitHubは、ソースコードを共有できるエンジニア向けWebサービスです。数々のオープンソースソフトウェア[1]が、GitHubを通じてソースコードとして全世界で共有されています。

そのGitHubが自身のサービスでサポートしているのが、GitHub Flavored Markdown[2]（以下、GFM）というMarkdown方言です。

GFMはGruberのMarkdownと比べて、次のような機能や記法が追加されています[3,4,5]。

- ・GFM1：表記法
  - －表を作る
- ・GFM2：タスクリスト記法
  - －チェックボックスを作る
- ・GFM3：打ち消し線記法
  - －打ち消し線を入れる
- ・GFM4：拡張自動リンク記法
  - －URLを表す文字列を、自動的にリンク化する
- ・GFM5：絵文字記法
  - －絵文字をプレーンテキストとして入力する
- ・GFM6：コードブロックの色づけ（シンタックスハイライト）
  - －ソースコードに色を付けて、分かりやすく表示する

GFMはエンジニアからの人気が非常に高いMarkdown方言であり、 GitHub以外のWebサービス・Markdown専用エディタでも利用できる場合が多くあります。さらにGFMの各記法は、他のMarkdown方言にも採用されている場合があります。そのため、GFMの各記法を覚えておくと、想像以上に応用が利くでしょう。覚えておいて損はない記法です。

7.1 GFM1：表記法

GFMでは表（テーブル）を作れます。基本的には次のように構成します[6]。

---

1. ソースコードを誰でも自由に閲覧・入手でき、それを元にした派生ソフトウェアの作成・再配布も許可されているソフトウェア。
2. 直訳すると「GitHub風（の味付けをした）Markdown」という意味になります。
3. GitHub: GitHub Flavored Markdown Spec.https://github.github.com/gfm/. [参照: 2018 年 3 月 30 日].
4. GitHub: Basic writing and formatting syntax - User Documentation.https://help.github.com/articles/basic-writing-and-formatting-syntax/. [参照: 2018 年 8 月 11 日].
5. GitHub: Mastering Markdown GitHub Guides.https://guides.github.com/features/mastering-markdown/. [参照: 2018 年 10 月 9 日].
6. GFM の表は通称「パイプテーブル」と呼ばれます。他の Markdown 方言にも表記法はありますが、微妙に記法が違います。実際に表を使用する場合には、各 Markdown アプリのマニュアルを参照してください。

・列を半角のバーティカルバー「|」[7]で構成する

・ヘッダ行（最初の1行）と残りの行を、3個以上の半角ハイフン「-」で区切る

たとえば次のように書きます。

```
| 品物   | 値段 |
|--------|------|
| いちご | 500  |
| りんご | 100  |
| みかん | 80   |
```

　出力例は次のとおりです。

品物	値段
いちご	500
りんご	100
みかん	80

次の例のように半角コロン「:」を打つと、列の左寄せ・中央寄せ・右寄せも可能です。

```
| 左寄せ | 中央寄せ | 右寄せ |
|--------|:--------:|-------:|
| ひだり | まんなか |   みぎ |
```

出力例は次のとおりです。

左寄せ	中央寄せ	右寄せ
ひだり	まんなか	みぎ

　表を実際に作成する際は、次の「楽に表を作るコツ」も参照してください。今は「こういう感じの記法なんだ」とイメージをざっくりつかめばOK です。

楽に表を作るコツ

　実際にテキストエディタを使って表記法を手打ちしてみると、面倒なように感じられるでしょう。実は、表記法のルールさえ理解できれば、実際に表を手打ちで作成する必要はあまりありません。

　Typora では、GFM の表をグラフィカルに作れます（図55）。メニューバー「段落」→「表」を選び、「表を挿入」ダイアログで行数と列数を指定すると、空の表を挿入できます。 1行目が見出し（ヘッダ）行で、2行目が本体の行です。 Tab キーで右方向に、Shift + Tab キーで左方向にセルを移動できます。

---

7. バーティカルバー「|」を日本語キーボード（JIS 配列）で打つには、BackSpace キーの左隣（「¥」キー）を、Shift キーとともに押します。

104　　第7章 GitHub Flavored Markdown（GFM）

図55: Typora で表を扱う

品物	値段
いちご	500
りんご	100
みかん	80

また、「Markdown Tables Generator」[8]というWebアプリを使うと、Typora以外でもGFMの表を簡単に作成できます（図56）。

図56: Markdown Tables Generator

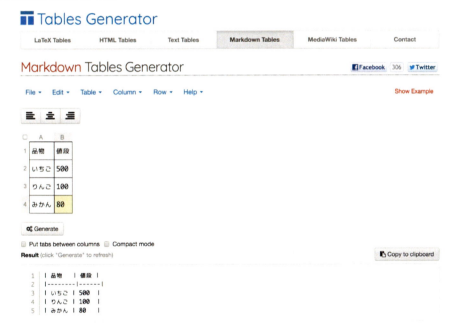

Markdown Tables Generatorを使う場合、次のような手段で表を作成できます。

- 表計算ソフト（Excelなど）からコピー＆ペースト
    - 表計算ソフトで表を作り、そのまま表をコピーする
    - 「File」→「Paste Table Data…」で貼り付け
- CSVファイルから読み込む（「File」→「Import CSV File…」）

8.http://www.tablesgenerator.com/markdown_tables

・空の表を作って直接編集する

  − 「File」→「New Table…」で新しい表を作る

  − セルをダブルクリックしてテキストを編集

なお、Markdownの表は表現能力が乏しく、凝ったことはあまりできません。複雑な表や「セルの結合」のある表を作りたい場合は、次の方法も検討しましょう。

・HTMLの`<table>`要素で表を作る（出力先がHTMLの場合）

  − HTML Table Generator[9]も利用可能です

・画像として"表"を作る

  − 表計算ソフトやグラフィックス系ソフト[10]などで"表"を作成し、画像またはPDFとして出力（エクスポート）する

  − PDFの場合は、画像（JPEG・PNGなど）に変換する

  − Markdown文書に画像として"表"を挿入する

7.2 GFM2：タスクリスト記法

GFMには、**タスク**を並べたもの（**タスクリスト**）を表すために、タスクリスト記法があります。

タスクリスト記法は原則として、番号なしリスト記法（第4章・**きほん6**）と組み合わせて使います。たとえば、次のようにタスクリストを表現できます（半角スペースは本来の空白表記を使っています）。

```
- [ ] 完了していないタスク
- [x] 完了したタスク
```

タスクリスト記法では、「行頭の記号」（-␣）とテキスト（タスク内容）の間に、「チェックボックス」に相当するテキストを打ちます。

・チェックがオフ（タスク未完了）の場合は`[␣]`

・チェックがオン（タスク完了）の場合は`[x]`（xは英小文字のエックス）

この「チェックボックス」の前後に、半角スペース「␣」を置くことに注意してください。

出力例を図57に示します[11]。

図57: 出力例：タスクリスト記法 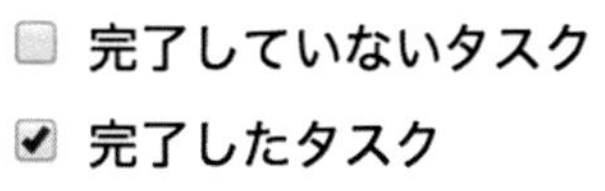

☐ **完了していないタスク**
☑ **完了したタスク**

9.http://www.tablesgenerator.com/html_tables

10. 本書における表の一部は、Adobe InDesign で作成された図が元となっています。

11.GitHub が提供する「Gist」（https://gist.github.com/）という Web サービス上の表示です。

7.3 GFM3：打ち消し線記法

打ち消し線はテキストを訂正するときに使います[12]。完全にテキストを削除するのではなく、テキストを残したまま「削除した」という目印を残しておくための書式です。

GFMでは、テキストを半角のチルダ2個「~~」で囲むことで、テキストの上に打ち消し線を付けられます。たとえば次のように書きます。

```
Markdownは~~嫌いです~~好きです。
```

出力例は図58のとおりです。

図58: 出力例：打ち消し線記法

Markdownは~~嫌いです~~好きです。

7.4 GFM4：拡張自動リンク記法

第4章の自動リンク記法（**きほん3'**）の説明において、多くのMarkdownアプリでは「<」と「>」で囲まなくてもURLが自動的に認識され、リンクとして設定されると説明しました。

一方で、多くのMarkdownアプリでは、「<」と「>」で囲まなくてもURLが自動的に認識され、リンクとして設定されます

GFMでは、この記法を**拡張自動リンク記法**と呼び、正式な記法として取り入れています。たとえば、次のようにMarkdown文書を書けば、URL部分がリンクとして認識されます。

```
CommonMarkについては␣http://commonmark.org/help/␣を参照せよ。
```

URLを確実に区別するために、前後を半角スペース（または改行）で区切るようにしましょう。URLの区別が難しい場合は、本来の自動リンク記法（「<」と「>」でURLを囲む）を使ってください。

7.5 GFM5：絵文字記法

絵文字記法は、GFMの名物記法と呼べるぐらいにエンジニア達から人気がある記法です。

通常、絵文字は次のように入力します。

・スマートフォン（iPhone・Android）：絵文字専用のソフトキーボード

・Windows 10：タッチキーボードから入力[13]

　－タスクバーを右クリックし、「タッチキーボードボタンを表示」をオンにする

・macOS：以下の方法で「文字ビューア」を開く

12.HTMLの＜del＞要素に相当します。

13.2018年8月現在のWindows早期ビルド（Windows 10 Insider Preview）より、より簡単に絵文字が入力できる絵文字パネルが搭載されたようです（https://forest.watch.impress.co.jp/docs/news/1135468.html）。近いうちに、正式版のWindows 10でも絵文字パネルを利用できるようになるかもしれません。

第7章 GitHub Flavored Markdown（GFM） 107

– キーボードで「control + ⌘ + スペースバー」キーを押す

– メニューバーで「編集」→「絵文字と記号」

　GFMの絵文字記法を使えば、上記の操作すら使わずに、プレーンテキストとして絵文字を入力できます。絵文字記法は「:絵文字の名前:」という形式で書きます（「:」半角コロン）。

たとえば、次のように書きます[14]。

```
:smile: :heart: :+1:
```

出力例は図59のようになります。

図59: 出力例：絵文字記法

　このような絵文字の名前の一覧は、Emoji Cheat Sheet（図60）[15]で検索・コピーが可能です。すべての名前を覚える必要はありません。よく使う絵文字の名前だけを暗記して、その他はEmoji Cheat Sheetを参照したり、本来の入力方法で対応するとよいでしょう。

図60: Emoji Cheat Sheet

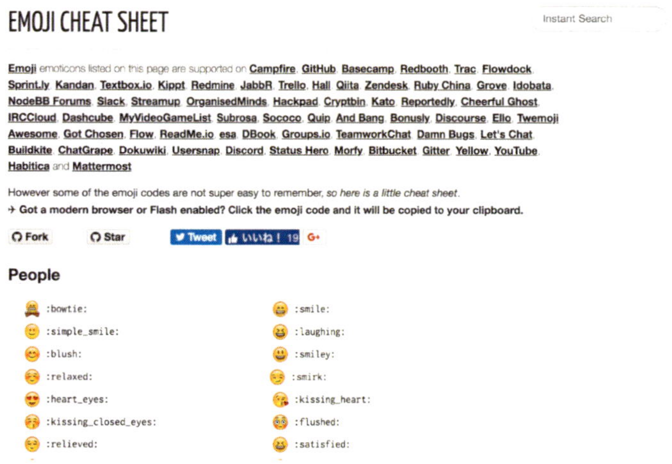

　余談ですが、macOSでは「Rocket」[16]というアプリを使うことで、Markdownアプリ以外でも、GFMの絵文字記法をそのままタイプすることで使用できます。その他にも、Slackなど（Markdownとは関係なく）多くのアプリで絵文字記法が利用できるようです。ぜひプレーンテキストでも絵文

---

14. Urban Dictionaryによれば、英語圏の電子掲示板における「+1」には、「賛成（agrees with）」「その通り（my thoughts exactly）」「私も（me too）」という意味があるようです（出典：https://www.urbandictionary.com/define.php?term=%2B1）。つまり、Facebookの「いいね」に相当するようです。

15. https://www.webpagefx.com/tools/emoji-cheat-sheet/

16. https://matthewpalmer.net/rocket/

字を楽しんでみてください。

7.6 GFM6：コードブロックの色づけ（シンタックスハイライト）

第4章のコードブロック（**きほん10**）は、「等幅フォント」「半角スペースがそのまま表示される」「強制改行」という書式でテキストを表示します。しかし、HTMLやCSSのように構造が複雑なソースコードを表示させたい場合は、この書式では読みにくい場合もあります。

ソースコードに色づけして読みやすくすることを、**シンタックスハイライト**と呼びます。GFMのコードブロックは、シンタックスハイライトに対応しています。

通常のコードブロックは、次のようにテキストを ``` で囲みます[17]。

```
```

<img src="logo.jpg" width="800"/>

```
```

シンタックスハイライトを有効にするには、``` の前に、そのソースコードの言語を表すキーワード（言語識別子）を付けます。つまり、次のような形式で書きます。

```
```言語識別子
ソースコード
```
```

たとえば、次のように指定すれば、HTML専用の色づけが自動的に適用されます。

```
```html
<div style="text-align:center;">
<img src="logo.jpg" width="800"/>
</div>
```
```

出力例は図61のようになります。

図61: 出力例：コードブロックの色づけ（シンタックスハイライト）

```
<div style="text-align:center;">
<img src="logo.jpg" width="800"/>
</div>
```

---

17. コードブロックを作るもう一つの方法「各行の行頭に半角スペース4つを打つ」では、シンタックスハイライトを適用できません。

言語識別子は多くの場合、「言語名の小文字」「ファイルの拡張子」「一般のファイル名」「特定のファイル名」のいずれかです。たとえばプログラミング言語「Ruby」の場合は、次のいずれかが有効です。

- ruby（言語名の小文字）
- rb（ファイルの拡張子）
- hello.rb（一般のファイル名：拡張子で判別）
- Rakefile（Rubyでよく用いられる特定のファイル名）

注意すべき点として、**使用できる言語識別子の書式はMarkdownアプリに依存します。** GitHubの場合、言語識別子の完全なリストは、GitHubの「linguist/languages.yml」[18]に掲載されています。シンタックスハイライトがうまくいかない場合は、各Markdownアプリのマニュアルを参照してください。

7.7 注意：GitHub Flavored Markdown Specにない記法

注意すべき点として、GitHub Flavored Markdown Spec（以下、GFM Spec）で正式な仕様として定められた記法と、そうでない記法があります。

- GFM Specで定められている記法
  - 表記法（**GFM1**）
  - タスクリスト記法（**GFM2**）
  - 打ち消し線記法（**GFM3**）
  - 拡張自動リンク記法（**GFM4**）
- GFM Specに存在しないが、GitHub（実際のWebサービス）では使用できる記法
  - 絵文字記法（**GFM5**）
  - コードブロックの色づけ・シンタックスハイライト（**GFM6**）

7.8 GFM：まとめ

最後に、GFMをおさらいしましょう。図62に、GFMの一覧を挙げます。

18.https://github.com/github/linguist/blob/master/lib/linguist/languages.yml

図62: GitHub Flavored Markdown（GFM）

ルール	記法	出力例
GFM1	｜ ヘッダ1 ｜ ヘッダ2 ｜ ｜--------｜--------｜ ｜ いちご ｜ 500 ｜ ｜ りんご ｜ 100 ｜ ｜ みかん ｜ 80 ｜	<table><tr><th>ヘッダ1</th><th>ヘッダ2</th></tr><tr><td>いちご</td><td>500</td></tr><tr><td>りんご</td><td>100</td></tr><tr><td>みかん</td><td>80</td></tr></table>
GFM2	- [ ] 完了していないタスク - [x] 完了したタスク	☐完了していないタスク ☑完了したタスク
GFM3	~~打ち消し線~~	打ち消し線
GFM4	http://a.com	http://a.com
GFM5	:smile: :heart: :+1:	😄 ❤️ 👍

GFM6	```html
	<div style="text-align:center;">
	</div>
	``

コラム：自由枠としてのコードブロック

　エンジニアのmizchiは、バッククォート3つ「```」で囲むタイプのコードブロックを実装するにあたって「中身をどう出力するかは実質自由枠」と述べています[19]。

　実際のところ、このタイプのコードブロックは、単にソースコードを色づけするだけでなく、あらゆる用途に向けて意欲的に拡張されています。

例をいくつか挙げてみます。実際には各Markdownアプリのマニュアルを参照してください。

・数式ブロック
　－数式をインライン要素として挿入できる場合は、$などでTeX記法[20]を囲む場合が多い
・図をテキストで記述する
　－フローチャート、シーケンス図、ガントチャートなど（mermaid、PlantUMLなど）
　－有向・無向グラフ（点と丸で表された図、Graphvizなど）
・グラフの描画（Pythonのmatplotlibなど）

　このような高度な機能を使いたい場合は、「Markdown Preview Enhanced」[21]をお勧めします。テキストエディタの「Atom」または「Visual Studio Code」にて、拡張機能として提供されています。

19.Mizchi: Markdown を拡張する話 - Speaker Deck. https://speakerdeck.com/mizchi/markdown-wokuo-zhang-suruhua?slide=17. [参照: 2018年8月4日].

20.HTML または Web サービス上の表示として出力される場合、正確には KaTeX や MathJax の記法になる場合が多いです。

21.Shd101wyy: Markdown Preview Enhanced. https://shd101wyy.github.io/markdown-preview-enhanced/#/. [参照: 2018年8月4日].

第8章 Markdownとは何か？

これまでの章で、Markdownの基本とノウハウについて説明してきました。本章ではMarkdownをより深く理解したい方のために、これまでの章で扱えなかった話題について取り上げます。

特に本章の前半では、Markdownの定義に関する議論と、いくつかの重要なMarkdown方言について説明します。後半ではMarkdownの思想と歴史について紹介します。

なお、本章には技術的な内容や込み入った話も含まれているため、丸ごと読み飛ばしてもかまいません。雑学・読み物として読んでいただければ幸いです。

8.1 Markdownの定義

本節では、「Markdown」という用語の定義について議論します。この議論にあたり、本節では次の2つの観点から検討していきます。

- 意味的な定義
  - 人間（ユーザー）はどのような意味で「Markdown」という用語を使うのか？
- 形式的な定義
  - 機械（アプリ・プログラム）はどのような「Markdown」文書を解釈できるのか？

Markdownの意味的な定義

狭い意味でのMarkdownとは、John Gruberが定義し、自ら「Markdown」と呼ぶ記法を意味します。本書ではこのMarkdownを、便宜上**GruberのMarkdown**と呼んでいます。

しかし、2018年現在において、「Markdown」という言葉の指す意味は広がりつつあります。観点は2つあります。一つはMarkdown方言、もう一つは「Markdown」という用語そのもののあいまい性です。

Markdown方言

GruberのMarkdownとは異なった形で定義・拡張され「Markdown」と称される記法のことを、本書では**Markdown方言**と呼んでいます。CommonMarkも便宜上、Markdown方言に含めます。GitHubを筆頭とした数々のWebサービス・アプリは、それぞれの便益や都合に合わせて、GruberのMarkdownとは異なる新たな「Markdown」を定義しました。その結果として、無数のMarkdown方言が存在しています。

本書では、GruberのMarkdownとMarkdown方言をまとめて、（広い意味での）**Markdown**とあらためて定義します。

112 　第8章 Markdownとは何か？

「Markdown」という用語のあいまい性

一方の「Markdown」という用語のあいまい性について、筆者の主観を元に補足します。「Markdown」として紹介される記法には、論者によって"ゆれ"があります。つまり、ある Markdown 方言でしか使用できない記法（GFM の表記法やタスクリスト記法など）が、 Markdown 方言に関する言及がないまま単に「Markdown」の一部として紹介されるケースがあります。

本書における「ミニマム Markdown」および「きほんの Markdown」は筆者独自の定義ですが、これらは"常識的な意味での「Markdown」"を定義する試みでもあります。つまり、これら 2 つの記法を指して「Markdown」と呼んでも差し支えないだろう、という実用上の目安を筆者は提案します。両者の範囲を超えるような「Markdown」の記法については、具体的な Markdown 方言の名前を挙げて区別するべきと筆者は考えます。

Markdown の形式的な定義

Markdown アプリを実装する開発者は、「どのような形式の Markdown であれば、不具合なくうまく処理できるか？」に関心を持ちます。論者によって「Markdown」の意味がころころ変わるような状況は、開発者にとって望ましくないのです。

一方、あるアプリを Markdown に対応させる場合には、開発者はアプリの部品となる Markdown 用プログラム（ライブラリ）を、他から調達するか自分で実装します。このプログラムを、本書では **Markdown 処理系**と呼びます。

開発者が Markdown アプリを実装するにあたり、最低でもそのアプリが扱う範囲において、Markdown（方言）を定義する必要があります。その定義の方法は、大きく分けて次のいずれかです（重複する場合もあります）。

・仕様書やマニュアルによる明示的な定義

・プログラムのソースコードによる暗黙的な定義

CommonMark は、記法の形式的・明示的な定義を「CommonMark Spec」[1] に示しています。また、CommonMark に従った Markdown 文書を機械的にテストできるように、参考とすべき Markdown 処理系の実装（C 言語と JavaScript）[2] やテスト用データも用意しています。

一方で Gruber も、自身の Markdown の解説[3] と実際のプログラム（Markdown.pl）を公開しています。しかし、Gruber の解説は開発者から見るとあまり網羅的ではなく、 Markdown の詳細なルール[4] については、Markdown.pl のソースコードを読むか実際に動かす以外に知るすべがありません。

このように Markdown（方言）の詳細は、必ずしも明示的な仕様書・マニュアルに明記されているとは限りません。ソースコードが公開されていれば良い方で、場合によっては実際のアプリの挙動から推測するしかない場合もあります。

1.CommonMark:*CommonMark Spec*.http://spec.commonmark.org/. [参照: 2018 年 4 月 11 日].

2.CommonMark:*commonmark/CommonMark: CommonMark spec, with reference implementations in C and JavaScript*.https://github.com/CommonMark/CommonMark. [参照: 2018 年 10 月 9 日].

3.J. Gruber:*Daring Fireball: Markdown Syntax Documentation*.https://daringfireball.net/projects/markdown/syntax. [参照: 2018 年 10 月 9 日].

4. たとえば「番号なしリストの 1 つの項目中に、続けて新しい段落（空行）を作り、さらにスペース 4 つのコードブロックを入れ子にする」場合。 CommonMark Spec ではこのような複雑な例も含めて、「どのように処理すべきか」を明示的に説明しています。

8.2 特筆すべき Markdown 方言の一覧

本節では Markdown 方言のうち、筆者が重要と考えるものを挙げ、背景や思想を説明します。すべてを網羅しているわけではありませんので、あらかじめご了承ください。

GitHub Flavored Markdown（GFM）

GFM の概要については第 7 章をご覧ください。ここでは歴史的経緯のみ補足します。

GitHub は 2007 年 10 月の時点で初期実装として登場し、2008 年 4 月に正式なサービスとして立ち上がりました[5]。そして遅くとも 2008 年 3 月には、GitHub 上で Markdown を利用できる機能が追加されました[6]。ただし、この時点では「GitHub Flavored Markdown」あるいは「GFM」とは明言されていません。

筆者の知る限り、「GitHub Flavored Markdown」および「GFM」に関する最古の言及は、公式ブログにおける 2009 年 4 月 20 日付の投稿「GFM Everywhere!」です[7]。

2011 年 4 月 19 日に、GitHub の開発者は Redcarpet という Ruby 製の Markdown 処理系（後述）をリリースします。この時点で、GFM にシンタックスハイライト機能が追加されます。

2017 年 5 月には GFM の仕様が CommonMark をベースに作り直され、「GitHub Flavored Markdown Spec」として明示的・形式的な仕様およびテスト一式が与えられました[8]。

MultiMarkdown

Gruber の Markdown や GFM は、HTML へ変換するための記法として設計されています。**MultiMarkdown** は HTML に加えて、さらに紙の文書を出力できるように応用範囲を広げた記法（および専用の変換プログラム）です[9]。

MultiMarkdown は、出力ファイル形式として HTML に加え、LaTeX（PDF 出力）や OpenDocument[10]、OPML[11] などに対応します。記法としては、次のような論文・書籍執筆に便利な記法が追加されています（一部のみ抜粋）。

- ・表
- ・脚注
- ・引用
- ・図表の相互参照
- ・数式
- ・目次

---

5. GitHub:*GitHub Timeline*.https://github.com/about/milestones. [参照: 2018 年 10 月 22 日].

6. C. Wanstrath:*Markdown'd, Textile'd Readmes | The GitHub Blog*.https://blog.github.com/2008-03-10-markdown-d-textile-d-readmes/. [参照: 2018 年 10 月 22 日].

7. T. Preston-Werner:*GFM Everywhere! | The GitHub Blog*.https://blog.github.com/2009-04-20-gfm-everywhere/. [参照: 2018 年 10 月 22 日].

8. GitHub:*A formal spec for GitHub Flavored Markdown | The GitHub Blog*.https://blog.github.com/2017-03-14-a-formal-spec-for-github-flavored-markdown/. [参照: 2018 年 3 月 26 日].

9. Fletcherpenney.net:*MultiMarkdown*.http://fletcherpenney.net/multimarkdown/. [参照: 2018 年 3 月 30 日].

10. LibreOffice や Apache OpenOffice が主に採用している、文書のファイル形式。

11. アウトライン（箇条書き）を扱うためのファイル形式。WorkFlowy や Dynalist などの、アウトライン編集エディタ（アウトライナー）で利用できます。

はてなブログのMarkdownモード

はてなブログのMarkdownはかなり特殊です。はてなブログでは3つの編集モードを使用できます[12]。

・見たままモード

・はてな記法モード

・Markdownモード

注目すべきは、**はてな記法**です。これは前身にあたるブログサービスの「はてなダイアリー」において、標準の記法として採用されていたものです。

以下は筆者の主観になりますが、はてなブログのMarkdown記法は実際のところ「はてな記法とMarkdownが合体したもの」です。つまり「ブログでよく使う記法の多くはMarkdownで書ける」「はてなブログの独自機能ははてな記法を使うしかない」と理解すべきでしょう。

はてなブログの公式ヘルプ・ブログなどには、そのMarkdown仕様の解説は（筆者が探した限りおそらく）存在しません。はてなブログでMarkdownを実際に使うときには、ユーザー有志がまとめたブログ記事を参照することをお勧めします[13]。

一方、はてな記法については公式のヘルプが充実しています[14]。はてなブログでは、Markdown記法で不足するほとんどの場合で、はてな記法が使えることを覚えておきましょう。

Pandoc's Markdown

Pandocは多くのファイル形式に対応する文書変換ツールです[15]。John MacFarlane（通称：jgm）が主に開発しています。基本的にはコマンドライン[16]で使うツールですが、Typoraのような外部のアプリを経由して利用できる場合もあります。

Pandocでは、**Pandoc's Markdown**という独自のMarkdown方言を、既定のMarkdown方言として処理します。Pandoc's Markdownは、次のような広い目的で利用できるように、多くの記法を備えています[17]。

・Webページ（HTML）

・レポート・論文・紙の書籍（LaTeX、Word、LibreOffice Writer、PDFなど）

・電子書籍（EPUB）

・プレゼン資料（PowerPoint、LaTeX Beamer、HTMLスライド[18]）

・その他の軽量マークアップ言語への変換（reStructuredTextなど）

・その他のMarkdown方言への変換（後述）

---

12. 株式会社はてな:編集モード - はてなブログ ヘルプ.http://help.hatenablog.com/entry/editing-mode. [参照: 2018年3月30日].

13. IGCN:はてなブログでよく使う *Markdown記法* （＋はてなブログ記法）のまとめ - *Noblesse Oblige 2nd*.https://igcn.hateblo.jp/entry/2016/02/14/073123. [参照: 2018年3月30日].

14. 株式会社はてな:はてな記法一覧 - はてなダイアリーのヘルプ.http://hatenadiary.g.hatena.ne.jp/keyword/はてな記法一覧. [参照: 2018年3月30日].

15. J. MacFarlane:*Pandoc*.https://pandoc.org/. [参照: 2018年3月21日].

16. コマンドラインでは、キーボードでコマンド（命令）を入力することで操作します。具体的には、コマンドプロンプト（Windows）やターミナル（macOS）を通じて操作します。

17. 一部の記法・機能は、Pandocフィルタという外部プログラムで提供されます。具体的には、参考文献リストを作成する「pandoc-citeproc」や、図・表・コードの相互参照を実現する「pandoc-crossref」などがあります。

18. Webアプリとしてブラウザ上で直接表示できるスライド。

Pandocでは、Pandocに与えるオプションを変えることで、必要に応じて処理すべきMarkdownの方言や細かい仕様もカスタマイズ可能です。また、次のようなMarkdown方言も処理可能です。

- Pandoc's Markdown（既定）
- GruberのMarkdown
- GFM
- MultiMarkdown
- PHP Markdown Extra
- CommonMark

CommonMark

CommonMarkは、次の目標を持つMarkdownの仕様（および参照されるべき実装）です[19]。

- Markdownの（事実上の）標準仕様を示す
- あいまい性のないMarkdown文法を定義する
- 文法を検証するための包括的なテスト一式を提供する

CommonMarkの仕様は「CommonMark Spec」として公開されています[20]。執筆時点でのCommonMarkの最新バージョンは「0.28」（2017年8月1日版）です。仕様と同時に、あるMarkdown文書がCommonMarkに適合しているか否かを検証できるように、テスト用データ・プログラムも公開されています。

本書の「ミニマムMarkdown」および「きほんのMarkdown」は、このCommonMarkを元にして筆者が独自に策定しました。

CommonMarkのワーキンググループ（委員会）は、次のメンバー（Markdownの支持者やMarkdown処理系の開発者など）から構成されています。

- John MacFarlane
  - Pandocの開発者
- David Greenspan
  - CommonMarkの原型となるアイデアをAtwood（後述）に提案
- Vicent Marti
  - Redcarpetの開発者
- Neil Williams
- Benjamin Dumke-von der Ehe
- Jeff Atwood
  - Stack Overflowの共同設立者
  - CommonMarkの原型となる「Standard Markdown」プロジェクトを提案・推進

19.J. MacFarlane, D. Greenspan, V. Marti, N. Williams, B. D.-v. der Ehe, and J. Atwood:*CommonMark*.http://commonmark.org/. [参照: 2018年3月30日].

20.CommonMark:*CommonMark Spec*.http://spec.commonmark.org/. [参照: 2018年4月11日].

PHP Markdown Extra

いくつかの有名なMarkdown方言は、プログラムの中で使うライブラリ[21]（Markdown処理系）から派生しました。

PHPというプログラミング言語では、PHP Markdownというライブラリを使用できます。 **PHP Markdown Extra**[22]は、このライブラリで利用できるMarkdown方言です。

PHP Markdown Extraは次のMarkdownアプリで利用できます。

・WordPress
  - クラウド版のWordPress.comで利用できるMarkdownは、PHP Markdown Extraに準拠しています[23]
・でんでんコンバーター
  - でんでんコンバーターで利用できる**でんでんマークダウン**は、PHP Markdown Extraに準拠しています[24]
  - さらにでんでんマークダウンでは、縦書き小説の組み版でよく用いられる「縦中横」「ルビ」などの記法が追加されています

R Markdown

Rという統計解析用の環境では、**R Markdown**というMarkdown方言で文書を作成できます[25]。

R Markdownでは、統計解析の結果として生成される表やグラフなどを、Rの記法や設定を用いてそのままMarkdown文書に埋め込めます。多くの場合、R MarkdownはRStudioという統合開発環境を用いて編集および変換を行うことになります[26]。 RStudioは最終的にPandocへ出力結果を渡せるため、Pandoc's Markdownの記法も併用可能です。

Redcarpet（Markdown処理系）

Rubyというプログラミング言語では、Redcarpetというライブラリを使用できます[27]。前述の通り、GitHubが（当初の）GFMを実装する目的で開発を始めました。

特にRuby on Rails[28]で実装されたWebアプリの上で、Markdownを処理したい場合に便利です。

Redcarpetを開発者目線で見ると、「サービス・アプリごとに好きなMarkdown方言を作りやすい」ライブラリと言えるでしょう。逆にいえば「Redcarpetを用いて拡張されたMarkdown方言」がいくつか存在します。

技術ブログサービスのQiitaは、RedcarpetをベースにしたMarkdown方言「**Qiita Markdown**」

21.よく使うプログラムを、再利用可能な形でひとまとまりにしたもの。

22.「PHP」を付けずに、単に「Markdown Extra」と呼ぶ場合もあります。

23.WordPress.com:*Markdown quick reference*.https://en.support.wordpress.com/markdown-quick-reference/. [参照: 2018年3月30日].

24.イースト株式会社:電書ちゃんのでんでんマークダウン.https://conv.denshochan.com/markdown. [参照: 2018年3月30日].

25.Niszet:*R Markdown で Word 文書を作ろう*. niszet工房, 2018.

26.RStudioの内部では、knitr という変換ツールがR側の処理および変換を行い、目的のファイル形式（Pandoc's Markdown など）に変換します。

27.V. Marti, R. Dupret, and M. Rogers:*vmg/redcarpet: The safe Markdown parser, reloaded*.https://github.com/vmg/redcarpet. [参照: 2018年3月30日].

28.Webサイト・システムをすばやく構築するためのフレームワーク（一式の枠組み）。世界で広く使われており、島根県の公式Webサイトなど日本での利用例も多く存在します。

を採用しています[29,30]。記法はQiita公式の『Markdown記法 チートシート』[31]を参照してください。

なおRubyでは、Redcarpetよりも後発にあたるMarkdown処理系「kramdown」も利用できます[32]。

Markdown方言・処理系：一覧の一覧

Markdown方言およびMarkdown処理系の一覧は、いくつかのWebページにも列挙されています。ただし、いずれも英語圏のWebページのため、日本語圏のMarkdown方言が記載されていないことに注意しましょう。

- Markdown方言の一覧
  - CommonMark Wikiによる一覧[33]
- Markdown方言における拡張記法の一覧
  - CommonMark Wikiによる一覧[34]
- Markdown処理系の一覧
  - markdown.github.comによる一覧[35]
  - CommonMark Wikiによる一覧[36]
  - W3Cによる一覧[37]
  - Babelmark3（後述、「registry.json」というファイルに記載）[38]

Markdown処理系の比較ツール「Babelmark」

多種多様に存在するMarkdown処理系を比較するためのツールとして、**Babelmark**があります。任意のテキストを入力すると、複数のMarkdown処理系が解釈した結果（HTMLテキスト）を返してくれます。

特に、複数の記法が混在するようなイレギュラーなMarkdownを検証したい場合に便利です。たとえば「** *こんにちは* **」のようなテキストを入力すると、多種多様な結果が返ってきます。

2018年時点で、過去にあったものを含めて3つのバージョンがあります。

- Babelmark（初代）[39]

---

29. Y. Nakayama:*Qiita / Qiita:Team における Markdown レンダリングの歴史*.https://speakerdeck.com/yujinakayama/qiita-team-niokeru-markdown-rendaringufalseli-shi. [参照: 2018年3月30日].

30. 現在のQiita Markdownは、Redcarpetをさらに拡張した「Greenmat」（https://github.com/increments/greenmat）というライブラリを元にしています。

31. Increments Inc.:*Markdown 記法 チートシート - Qiita*.https://qiita.com/Qiita/items/c686397e4a0f4f11683d. [参照: 2018年10月15日].

32. T. Leitner: gettalong/kramdown: kramdown is a fast, pure Ruby Markdown superset converter, using a strict syntax definition and supporting several common extensions.https://github.com/gettalong/kramdown. [参照: 2018年10月16日].

33. CommonMark:*Markdown Flavors commonmark/CommonMark Wiki*.https://github.com/commonmark/CommonMark/wiki/Markdown-Flavors. [参照: 2018年10月21日].

34. CommonMark:*Deployed Extensions commonmark/CommonMark Wiki*.https://github.com/commonmark/CommonMark/wiki/Deployed-Extensions. [参照: 2018年10月21日].

35. Markdown.github.com:*Implementations markdown/markdown.github.com Wiki*.https://github.com/markdown/markdown.github.com/wiki/Implementations. [参照: 2018年10月21日].

36. CommonMark:*List of CommonMark Implementations commonmark/CommonMark Wiki*.https://github.com/commonmark/CommonMark/wiki/List-of-CommonMark-Implementations. [参照: 2018年10月21日].

37. W3C:*MarkdownImplementations - Markdown Community Group*.https://www.w3.org/community/markdown/wiki/MarkdownImplementations. [参照: 2018年10月21日].

38. A. Mutel:*babelmark/babelmark-registry: Registry for babelmark*.https://github.com/babelmark/babelmark-registry. [参照: 2018年10月21日].

39. Babelmark2のFAQによると、Michel Fortin（PHP MarkdownとPHP Markdown Extraの作者）が開発したとのこと。元のURL（http://babelmark.bobtfish.net/?z）は執筆時点で閲覧不可。

- Babelmark2[40]
    - John MacFarlane（Pandocの開発者）が開発
- **Babelmark3**（最新版）[41]
    - Alexandre Mutelが開発

Babelmark3では、執筆時点で33個のMarkdown処理系に対応しています。これらの処理系による出力結果を、Babelmark3では一括比較できます（図62）。

Babelmark3の最大の特徴は、任意のMarkdown処理系を登録できることです[42]。 GitHub上の「Registry for babelmark」へPull Requestを行い、承認され次第Babelmark3で利用可能となります[43]。

図62: Babelmark3

8.3 MarkdownとCommonMarkの思想と歴史

本節では、GruberのMarkdownおよびCommonMarkについて、その思想や成立過程について説明します。

GruberのMarkdown

GruberのMarkdownは、Markdownの思想を理解する上で重要です。 2004年8月18日に、

---

40. J. MacFarlane:*Babelmark 2*.http://johnmacfarlane.net/babelmark2/. [参照: 2018年3月31日].
41. A. Mutel:*Babelmark 3*.https://babelmark.github.io/. [参照: 2018年3月31日].
42. Babelmark3に登録できるMarkdown処理系は、「Web APIサーバとして公開されている」であることが条件です。
43. A. Mutel:*babelmark/babelmark-registry: Registry for babelmark*.https://github.com/babelmark/babelmark-registry. [参照: 2018年10月21日].

Markdown.pl（Markdown処理系）のバージョン1.0がリリースされました[44]。

エッセイ "Dive Into Markdown"

GruberによるMarkdownの思想をより深く知りたい場合は、Gruberによる「Dive Into Markdown」[45]というエッセイ（2004年3月19日付のブログ投稿）を読むとよいでしょう。以下、このエッセイを筆者が要約してみます。

GruberはHTMLに関して次のような主張を述べます。

1. （ブログの執筆に必要な範囲において）HTMLはけっして難しくない

2. しかし、HTMLを手書きするのは退屈な雑用である

Markdown以前から、プレーンテキスト記法からHTMLへ変換するツールは少なからず存在します。しかし、それらの記法は「HTMLタグは難しい」という仮定に基づくことが多く、Gruberは次のような問題点を指摘します。

・結果的にHTMLよりも独自記法の方が、読みにくく書きにくくなってしまう

・本当に必要なときにHTMLタグを直接使えない

Markdownの「読みやすく、書きやすい」「HTMLを直接埋めこめる」という設計思想は、これらの問題点に対するGruberの回答でもあります。

さらにエッセイの後半で、Gruberは「原稿のままでも読みやすい」ことの重要性を強調します。「単一の書体」「斜体や太字が見た目通りに実現できない」といったプレーンテキストにおけるタイポグラフィ上の制約は、タイプライターの制約に似ています。このことを、彼は次のようなたとえ話で表現します。

> （筆者訳）想像してみましょう。あなたには、ギフトを贈りたくなるような素敵な人がいます。そのギフトとは、ある古い小説の、タイプライターで書かれた生原稿です。たとえば、Fitzgeraldの『The Great Gatsby』としましょう。あなたはいすに腰掛けて、生原稿を読みます。文字たちはあなたに向けて真っすぐに通り抜けます。そしてあなたは、きれいに綴じられきちんと組み版された本を読んだときとほぼ同じように、読書体験を得るでしょう。ええ、もちろん生原稿はすべてタイプライターで打たれていて、書体は汚い等幅のCourier風です。斜体などの代わりに下線が引かれています。しかし、Fitzgeraldが狙ったように、文字たちはページからあなたの頭へ流れ続けます。

実はエッセイの冒頭では、Stanley Kubrickの言葉が引用されています。

> Sometimes the truth of a thing is not so much in the think of it, but in the feel of it.
>
> （筆者訳）真実はときどき、考えることにではなく、感じることにあったりする。

このエッセイの最後に、Gruberはこの言葉をもう一度引用します。そして次のように締めくくります。

---

44. J. Gruber:*Daring Fireball: Markdown 1.0*.https://daringfireball.net/2004/08/markdown_10. [参照: 2018年10月21日].

45. J. Gruber:*Daring Fireball: Dive Into Markdown*.https://daringfireball.net/2004/03/dive_into_markdown. [参照: 2018年8月11日].

（筆者訳）HTMLタグでマークアップされたテキストを読み書きするとき、あなたは**考えること**に集中する必要があります。Markdownで整えられたテキストを通じて私が伝えたいのは、**感じること**です。

Aaron Swartzの貢献

Markdownの仕様策定には、Aaron Swartzという人物も大きな貢献をしています。Swartzはプログラマー兼ライターであり、インターネットの技術と文化に大きな貢献をしました。そして、インターネットの自由を擁護し、言論・政治活動にも積極的な人物でした。

Gruberは次のように述べています[46]。

（筆者訳）Markdown文法の設計に関して、Aaron Swartzからはフィードバックを頂戴し、多大な貢献をいただいた。Markdownは、Aaronのアイデア・フィードバック・テストのおかげで、**はるかに優れた**ものとなった。

SwartzはMarkdownよりも以前に「atx」という軽量マークアップ言語を考案したことがあり、Markdownの仕様にも影響を与えました。そのなごりは、Markdownにおける見出し記法の「ATX形式」（「# 見出し」という形式）という名前に残っています。Swartzはその後GruberとともにMarkdownの仕様について議論し、最終的には「html2text」（HTMLからMarkdownへの変換ツール）を開発しました[47]。

残念ながら、Swartzは26歳という若さで亡くなりました[48]。

Jeff AtwoodのGruber批判

Stack Overflowという、英語圏で有名な技術系のQ&Aサイトがあります。その共同創設者であるJeff Atwoodは、GruberがMarkdownを発案した当初からの、熱烈なMarkdown支持者でした。

しかしAtwoodは2009年12月に、次のようにGruberを批判するブログ記事を発表します（以下は筆者による要約）[49]。

・GruberのMarkdownは、唯一の公式な仕様と実装である
・Gruberは、Markdownに対する幾多の改善案を拒否し、保守的な態度をとっている。そして自身でMarkdownを改善することにも消極的である
・Markdownの仕様と実装（Markdown.pl）はGruber自身のWebサイトでのみ公開しているが、それは他人が直接貢献できる形ではない
・結果として、Markdownの非公式な仕様（Markdown方言）と実装が乱立する事態となった
・GruberはMarkdownの「生みの親」であるが、「育ての親」としては責任を放棄している

このGruberのMarkdownに対する批判やそれに続くブログ記事は、CommonMark誕生のきっか

46.J. Gruber:*Daring Fireball: Markdown*.https://daringfireball.net/projects/markdown/. [参照: 2018年3月26日].

47.A. Swartz:*aaronsw/html2text: Convert HTML to Markdown-formatted text*.https://github.com/aaronsw/html2text. [参照: 2018年10月12日].

48.CBS Interactive Inc.:*Online activist, programmer Aaron Swartz dies - CBS News*.https://www.cbsnews.com/news/online-activist-programmer-aaron-swartz-dies/. [参照: 2018年10月12日].

49.J. Atwood:*Responsible Open Source Code Parenting - CODING HORROR*.https://blog.codinghorror.com/responsible-open-source-code-parenting/. [参照: 2018年10月22日].

けとして重要です。

「Standard Markdown」からCommonMarkへ

2012年の中ごろ[50]、David Greenspanは Atwoodに新しいマークアップ言語の提案をします[51]。それは、GruberのMarkdownにおける問題とあいまい性を解消しつつ、元のMarkdownの動作を邪魔しないようなもの……すなわち今日のCommonMarkの原型となるアイデアです。

Greenspanの提案を踏まえて、Atwoodは「Standard Flavored Markdown」という構想を提示します。

2012年の11月に、AtwoodはMarkdownの創設者であるGruberにメールを送り、このプロジェクトに招待します[52]。 Gruberからの返信はありませんでした。

その後2年弱をかけて、Atwoodはプロジェクトを密かに進めます。

2014年8月19日にAtwoodはGruberへ、「Standard Flavored Markdown」の仕様案とともに、再度メールを送りました。 Gruberからの返信はありませんでした。Atwoodはこれをもって「Gruberとしては OK、もしくは気にしていない」と仮定し、このプロジェクトを次の段階へ進めることにしました。同時期に、Atwoodはこのプロジェクトの正式名称を「Standard Markdown」と定めます[53]。この時期におけるGruberとAtwoodのすれ違いが、後のトラブルへ発展します。

2014年9月3日付のブログ投稿にてAtwoodは、「Standard Markdownは公開レビューの準備ができた」と宣言します[54]。 Atwoodは「standardmarkdown.com」というドメインを取得し（後に閉鎖）、 Standard Markdownについての議論を交わせる掲示板兼メーリングリストも設立します。

さらにAtwoodは、Pandocの開発者であるMacFarlaneがStandard Markdownへ大きく貢献した、と同投稿にて述べています。 MacFarlaneは、Standard Markdownについてのフィードバックを与え、仕様と実装の全体を書きました。

しかしその翌日（2014年9月4日付）、Atwoodはブログ投稿にて、「Standard Markdown」という名前を取り下げます[55]。 Gruberは「Standard Markdown」という名前に対して、「腹立たしい」と不快感を示したのです。 JohnはAtwoodに対して「プロジェクト名の変更」「ドメイン（standardmarkdown.com）の停止、ただしリダイレクトはしないこと」「謝罪」の3つを要求し、Atwoodはそれに応えました。

議論の後に、Atwoodは「Common Markdown」という名前を新しいプロジェクト名として提案します。その後、Gruberは「Markdown」という名称の使用自体を許容しなかったため[56]、最終的にこのプロジェクトは「CommonMark」という名称に変更されました。

50.Atwoodは2012年10月25日付のブログ投稿「The Future of Markdown」にて、 Greenspanからのメールを「a few days ago」（数日前）として掲載しています。

51.J. Atwood:*The Future of Markdown - CODING HORROR*.https://blog.codinghorror.com/the-future-of-markdown/. [参照: 2018年10月21日].

52.J. Atwood:*Standard Markdown is now Common Markdown - CODING HORROR*.https://blog.codinghorror.com/standard-markdown-is-now-common-markdown/. [参照: 2018年8月11日].

53.この時期の "Standard Markdown" には、プロジェクトのホームページに掲載された「Standard Flavored Markdown」というバージョンと、ブログ投稿として掲載された「Standard Markdown」という2つのバージョンがあったようです。この2つの仕様には矛盾があったために、「Standard Markdown」へ仕様と名称を統一したとのことです。

54.J. Atwood:*Standard Flavored Markdown - CODING HORROR*.https://blog.codinghorror.com/standard-flavored-markdown/. [参照: 2018年8月11日].

55.J. Atwood:*Standard Markdown is now Common Markdown - CODING HORROR*.https://blog.codinghorror.com/standard-markdown-is-now-common-markdown/. [参照: 2018年8月11日].

56.GruberのMarkdown（Markdown.pl）は3条項BSDライセンスで配布されており、特に「書面による特別の許可なしに、本ソフトウェアから派生した製品の宣伝または販売促進に、「Markdown」の名前または貢献者（contributors）の名前を使用してはならない」と明記されていることに注意が必要です。

今日のCommonMark（およびドメイン「commonmark.org」）は、このような複雑な経緯で発足しました。その後もCommonMarkの仕様と実装は、細かい不具合を解消しつつバージョンアップを重ねています。

　そして前述の通り、2017年5月にGFMの仕様がCommonMarkを元に作り直されました。このニュースをもって、CommonMarkが「事実上のMarkdown標準仕様」という地位を獲得した、と筆者は考えます。

おわりに

　本書はMarkdownについての解説書です。もし本書をきっかけにしてMarkdownを好きになってくれたなら、それは筆者にとって思いがけない幸運です。

　しかし筆者は、あなたがMarkdownを嫌いになってもかまわないと考えます。なぜなら、Markdownには限界があるからです。

　Markdownは、良くも悪くも器用貧乏な記法と言えます。何でも書けるけど、何をするにも微妙に物足りない記法です。だからこそ筆者はMarkdownに対して、不思議で人間臭い魅力を感じるのかもしれません。

　それでは、本書の目的は何だったのでしょうか？　……**書くことは楽しい。**あなたにそう思ってもらうのが、本書における真の目的です。

　文章の執筆は、あくまでも表現の一手段に過ぎません。それでも読者のうちの誰かにとっては、自分の人生を切り開く重要な手段になるかもしれないと筆者は信じています。Markdownもあくまで道具に過ぎませんが、あなたにとって「ライティングが楽しくなる道具」となれば幸いです。

　何事も、スモールステップで成し遂げるのがよいと聞きます。ぜひご自身のペースで「**気軽に、楽しみながら書く**」ことを実践してみてください。

　最後に、本書に関する意見・感想・質問などがあれば、ぜひ筆者のTwitterまたはハッシュタグにてリプライ・DMをください。筆者にとって励みとなります。

・@skyy_writing（https://twitter.com/skyy_writing）
・ハッシュタグ：#Markdownライティング入門

　あなたの文章を読めるときを、楽しみにしています。

藤原 惟

付録 アプリのインストール・設定方法

本文で紹介したアプリのうち、重要なものについてアプリのインストール方法・設定方法を示します。

MarkdownPad（Windowsのみ）

次の手順でダウンロード・インストールを進めます。Edge、Google Chrome、Firefoxなどのブラウザを開いてください。

1. ブラウザでMarkdownPadの公式サイト[1]にアクセス（図63）
2. 「Download」をクリックすると、自動的にexeファイル「markdownpad2-setup.exe」のダウンロードが始まる
3. ダウンロードしたexeファイルをダブルクリックして、インストールを進める（図64〜図67）

図63: MarkdownPadの公式サイト

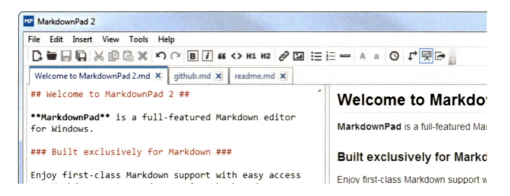

---

1. http://markdownpad.com/

図 64: MarkdownPad のインストール手順（1）

図 65: MarkdownPad のインストール手順（2）

図 66: MarkdownPad のインストール手順（3）

図 67: MarkdownPad のインストール手順（4）

インストールが完了すると、MarkdownPad が起動します。初回起動時のみ、有料版（Pro）へ誘う画面（Upgrade to MarkdownPad……）が出てきます（図 68）。

図 68: MarkdownPad の初回起動時

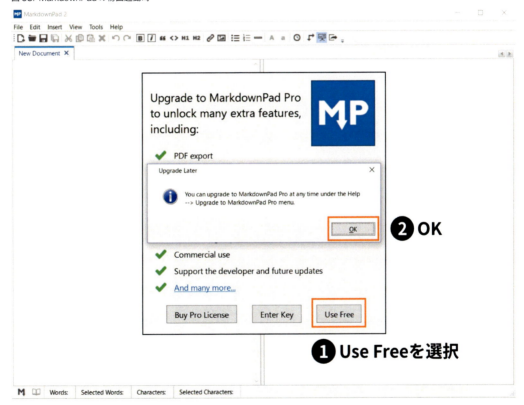

びっくりするかもしれませんが、落ち着いて次のように進めましょう。
1．「Use Free」（無料版を使う）をクリック
2．その後、「Update Later」というポップアップが出てくるので「OK」をクリック

付録 アプリのインストール・設定方法 | 127

次回の起動以降は、この画面は出てこなくなります。これで、MarkdownPadが起動するはずです（図69）。

図69: MarkdownPadの起動

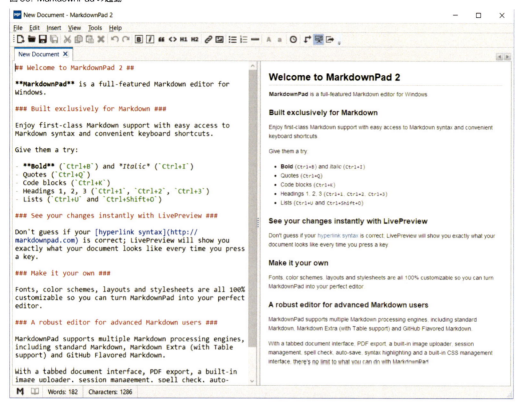

MarkdownPadのメニューを日本語表示にする

設定（Settings）を変えることで、MarkdownPadの画面を日本語表示に変更可能です。

1．メニューバーの「Tools」→「Options」をクリック
2．「Editors」タブを選択
3．「Languages」の項目「English (United States)」をクリックし、「日本語 (日本)」に変更
4．「保存して閉じる」（Save and Close）をクリック
5．MarkdownPadを再起動する

これで、日本語表示の設定が完了しました。

図 70: MarkdownPad：画面を日本語表示にする設定

図 71: MarkdownPad：メニューが日本語表示になった

MacDown（macOSのみ）

次の手順でダウンロード・インストールを進めます。Safari、Google Chrome、Firefoxなどのブラウザを開いてください。

1. ブラウザでMacDownの公式サイト[2]にアクセス（図72）

2.https://macdown.uranusjr.com/

2．「Download MacDown」をクリックすると、自動的にzipファイル「MacDown.app.zip」のダウンロードが始まる
3．ダウンロードしたzipファイルをダブルクリックすると、「MacDown.app」というファイルが展開される（図73）
4．Finderで「アプリケーション」フォルダを開き、そのまま「MacDown.app」をドラッグ＆ドロップする

以上で、インストール完了です。

図72: MacDownの公式サイト

図73: MacDownのインストール

Typora

まず、ブラウザでTyporaの公式サイトにアクセスします。「typora」ロゴだけの真っ白な画面が出てきますが、そのままスクロールできるので下にスクロールします（図74）。

図74: Typoraのトップ画面（下にスクロールする）

「want Typora?」という画面（図75）まで来たら、次のいずれかに従ってTyporaのインストーラをダウンロードします。

- macOS：「Download Beta (OS X)」をクリック
    - 「Typora.dmg」のダウンロードが始まる
- Windows：「Windows」をクリック
    - 別の画面（図76）が表示されるので、「Download Beta (x64)」をクリックする
    - 「typora-setup-x64.exe」のダウンロードが始まる

図75: Typora：ダウンロード

図76: Typora：ダウンロード（Windowsの場合）

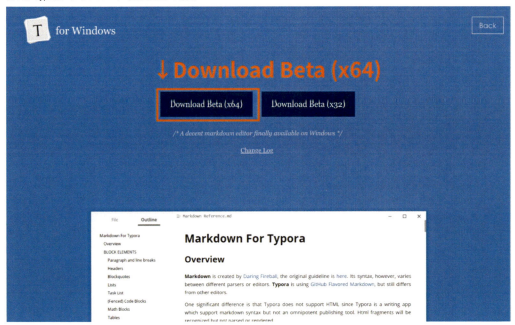

インストール：Windowsの場合

　インストーラ「typora-setup-x64.exe」をダブルクリックします。指示に従って、インストールを

勧めてください[3]。

Typora のインストール（Windows）その１

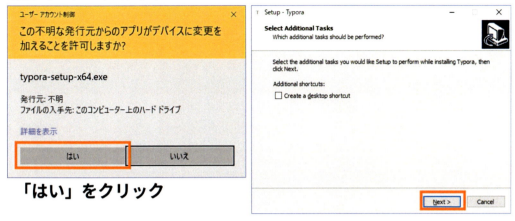

Typora のインストール（Windows）その２

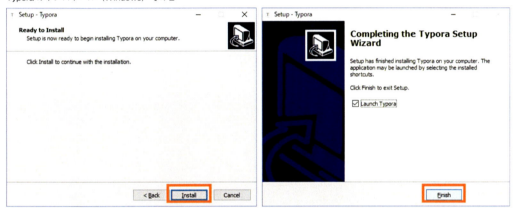

インストール：macOS の場合

　インストーラ「Typora.dmg」をダブルクリックすると、図77のような画面が開きます。そのまま、Typora のアイコンを「アプリケーション」フォルダにドラッグ＆ドロップすれば、インストールは完了です。

---

[3].Windows で Typora をインストールする場合、「Windows によって PC が保護されました」というウィンドウが出る場合があります。その際は「詳細情報」をクリックして、「実行」をクリックしてください。

図77: Typoraのインストール（macOS）

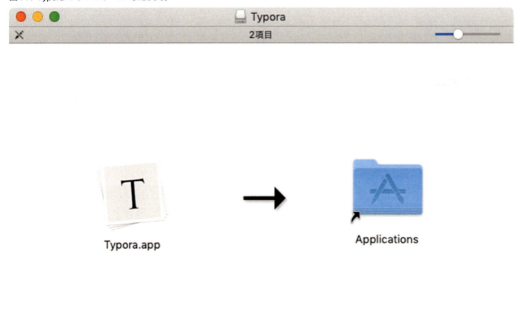

はてなブログ：Markdownモード

はてなブログで、Markdownモードを有効にする方法を説明します。

説明の都合上、はてなブログの開設が完了した状態で始めます。はてなブログの開設については、Web上のブログ記事[4]を参照してください。

まず、はてなブログの「ダッシュボード」（管理画面）を開きます。そして左側のサイドバーから「設定」をクリックします（図78）。

---

[4]【はてなブログの始め方】初心者の為の図解で全てを説明した完全マニュアル【初期設定から使い方まで】- 魂を揺さぶるヨ！ http://www.tamashii-yusaburuyo.work/entry/はてなブログの始め方のマニュアル

図78: はてなブログ：ダッシュボードから「設定」をクリック

「基本設定」のタブが選択されているはずですので、そのままスクロールして「編集モード」を見つけてください。その「編集モード」を**「Markdownモード」に変更します**（図79）。

図79: はてなブログ：編集モードを「Markdownモード」に変更

最後に、画面下部の**「変更する」ボタンを忘れずに押して**、設定を保存します。これで、はてな

付録 アプリのインストール・設定方法 | 135

ブログのMarkdownモードが有効になり、編集画面でMarkdown文書を直接入力できるようになりました。

WordPress

WordPressで、Markdownによる編集を有効にする手順を説明します。クラウド版「WordPress.com」とソフトウェア版WordPress（各々のサーバにインストールされたWordPress）で、手順が異なります。

クラウド版「WordPress.com」

クラウド版では、次のように設定するだけでMarkdownエディタを利用できます（図80）。なお、説明の都合上、すでにWordPress.com上でアカウント作成・ブログ開設を済ませた状態から始めます。

1. https://wordpress.com/ にアクセスし、ログインする
2. 「参加サイト」をクリックし、自分のサイトのスタートページに移動する
3. スタートページの左サイドバーから「WordPress管理画面を表示」をクリックし、ダッシュボードを開く（①）
4. ダッシュボードの左サイドバーから「設定」（またはSettings）→「投稿設定」をクリック（②）
5. 「Markdown」の「投稿とページ内でMarkdown記法を使う。」にチェックを入れる（③）
6. 「変更を保存」をクリック

以上で、Markdownによる記事投稿が可能となります。

図80: WordPress 方法２：クラウド版「WordPress.com」の設定

ソフトウェア版WordPress：Jetpackのインストール・設定

ソフトウェア版のWordPressでは、「Jetpack」[5]プラグインが必要です。WordPressには他にも多数のMarkdown関連プラグインがありますが、Jetpackはクラウド版「WordPress.com」でも利用されているため最も有名です。

Jetpackは、WordPressのダッシュボードからインストール可能です[6]。

1．左サイドバー「プラグイン」→「新規追加」をクリック

2．プラグインの検索ボックスから「Jetpack」を選択

3．「Jetpack by WordPress.com」を探す

　　－作者が「Automattic」であることを確認

4．「今すぐインストール」をクリック

以上の手順でJetpackをインストールすると、ダッシュボードの左サイドバーに「Jetpack」という項目が追加されます。次の手順で設定を完了させましょう。

1．左サイドバー「Jetpack」をクリック

2．「Writing」をクリック

3．「Composing」の「プレーンテキストのMarkdown構文で投稿やページに書き込み」をオンにする

4．「SAVE SETTINGS」をクリック

なお、ソフトウェア版では、組織や複数人のグループで1つのWordPressを利用している場合も多いでしょう。その場合にJetpackを利用したい場合は、プラグインのインストール・設定に関して、事前に組織の管理者と相談してください。

Pandoc

Typoraの出力形式を増やすには、Pandocというソフトウェア[7]をインストールします。これにより次のような出力形式に対応します。

・Microsoft Word（.docx）

・LibreOffice/Apache OpenOffice Writer（.odt）

・RTF（リッチテキスト）

・EPUB[8]

・LaTeX

・Media Wiki（Wikipediaの記法）

・OPML（アウトライナーへのインポートに利用可能）

・reStructuredText（ドキュメントツールSphinxの標準記法）

5.https://ja.wordpress.org/plugins/jetpack/

6.以下、WordPressのバージョンや環境によって、微妙にボタン名や表記が異なる場合があります。あらかじめご了承ください。

7.Pandoc自体はコマンドライン上で動くプログラムです。インストールが完了すると、Windowsの場合はコマンドプロンプトで、macOSの場合はターミナルでpandocコマンドが使えます。

8.Typoraから生成されたEPUBファイルを筆者が解析したところ、おそらくEPUB3のファイルだと思われます。ただし和文組み版として適切に出力するには、EPUB3やPandoc自体の知識も必要です。

・Textile

ダウンロード

PandocのダウンロードページはGitHub上にあります[9]。

Pandoc公式サイト（http://pandoc.org/）からたどる場合は、少し分かりにくいですが次の順番でダウンロードページへアクセスできます。

1．「Installing」をクリック（図81）
2．「Installing」ページ内にある「download page」というリンクをクリック（図82）

図81: Pandoc公式サイト

---

[9].https://github.com/jgm/pandoc/releases/latest

138　付録 アプリのインストール・設定方法

図 82: Pandoc 公式サイト：Installing ページ

ダウンロードページでは、次のいずれかをダウンロードしてください（図83）。

・Windows の場合：msi ファイル（例：`pandoc-2.3.1-windows.msi`）

・macOS の場合：pkg ファイル（例：`pandoc-2.3.1-macOS.pkg`）

図 83: Pandoc のダウンロードページ

インストール：Windows の場合

ダウンロードしたファイル（.msi）をダブルクリックして、インストーラの指示に従ってください（図84）。

図 84: Pandoc のインストール：Windows

インストール：macOS の場合

ダウンロードしたファイル（.pkg）をダブルクリックして、インストーラの指示に従ってください（図 85 ～図 87）。

図 85: Pandoc のインストール：macOS その 1

図 86: Pandoc のインストール：macOS その 2

図87: Pandocのインストール：macOS その3

付録 アプリのインストール・設定方法 | 141

謝辞

倉下忠憲さん。定期的に声をかけてくださり、大変心強かったです。

園生恵子さん。熱いフィードバックをいただき、本当にうれしかったです。

竹原万葉さん、なおやんさん、FA電工さん、Fukiyaさん、ちどさん。Twitterで反応してくださり、心の支えとなりました。

さわしたし。技術書典4の現場でお手伝いくださり、大変助かりました。

仲見満月さん。同人誌の先輩として、今でも尊敬しています。

奇々浦ヌル夫さん。また「ドキュメンテーションを語る会」をやりたいです。

kosequrageさん。同人誌版の校正作業の一部をお手伝いくださり、感謝しています。

姫路IT系勉強会の皆様（特にワテさん、nogajunさん）。MarkdownとPandocにかなり初期から注目されていたことを思い出します。

Markdown Night 2017 Summerの皆様（特にmagnoliakさん、FUJI Goroさん）。LTで叫んだことがやっと形になりました。

ZR-TeXnobabblerさん。BXjsclsおよび組み版に関する議論でお世話になりました。

本書の前身となるnote連載および同人誌版、そして本書をご購入いただいた皆様。本当にありがとうございます。

宇樹義子さん。商業誌版のレビューに協力いただき、現役ライターとしての率直なご意見を賜りました。

最後に、高田大輔さんと青の詩人へ。

著者紹介

藤原 惟 (ふじわら ゆき)

ソラソルファ、日本Pandocユーザ会代表。フリーライター・エンジニア、専門学校講師。
1987年兵庫県生まれ。明石高専時代に、LaTeXによるレポート作成を通じてドキュメンテーションの面白さに目覚める。大阪大学編入後にMarkdownと出会い、日常で活用しはじめる。大阪大学大学院在籍中に、当時の日本語圏であまり知られていなかったPandocを発掘する。2014年にPandocユーザーズガイドを日本語版に翻訳。以後、日本Pandocユーザ会としてPandocとMarkdownを広めるOSS活動を続けている。2015年にソラソルファ開業。「ITを必要とする人は、IT業界の外にいる」という信念を元に、執筆活動・受託開発・専門学校での教育・ITコンサルティングなどを行っている。
Twitter: @skyy_writing
ブログ (note)：https://note.solarsolfa.net/

◎本書スタッフ
アートディレクター/装丁：岡田章志＋GY
表紙イラスト：Mitra
デジタル編集：栗原 翔

技術の泉シリーズ・刊行によせて
技術者の知見のアウトプットである技術同人誌は、急速に認知度を高めています。インプレスR&Dは国内最大級の即売会「技術書典」(https://techbookfest.org/) で頒布された技術同人誌を底本とした商業書籍を2016年より刊行し、これらを中心とした『技術書典シリーズ』を展開してきました。2019年4月、より幅広い技術同人誌を対象とし、最新の知見を発信するために『技術の泉シリーズ』へリニューアルしました。今後は「技術書典」をはじめとした各種即売会や、勉強会・LT会などで頒布された技術同人誌を底本とした商業書籍を刊行し、技術同人誌の普及と発展に貢献することを目指します。エンジニアの"知の結晶"である技術同人誌の世界に、より多くの方が触れていただくきっかけになれば幸いです。

株式会社インプレスR&D
技術の泉シリーズ　編集長 山城 敬

●お断り
掲載したURLは2018年11月1日現在のものです。サイトの都合で変更されることがあります。また、電子版ではURLにハイパーリンクを設定していますが、端末やビューアー、リンク先のファイルタイプによっては表示されないことがあります。あらかじめご了承ください。
●本書の内容についてのお問い合わせ先
株式会社インプレスR&D　メール窓口
np-info@impress.co.jp
件名に「『本書名』問い合わせ係」と明記してお送りください。
電話やFAX、郵便でのご質問にはお答えできません。返信までには、しばらくお時間をいただく場合があります。なお、本書の範囲を超えるご質問にはお答えしかねますので、あらかじめご了承ください。
また、本書の内容についてはNextPublishingオフィシャルWebサイトにて情報を公開しております。
https://nextpublishing.jp/

●落丁・乱丁本はお手数ですが、インプレスカスタマーセンターまでお送りください。送料弊社負担にてお取り替えさせていただきます。但し、古書店で購入されたものについてはお取り替えできません。

■読者の窓口
インプレスカスタマーセンター
〒101-0051
東京都千代田区神田神保町一丁目105番地
TEL 03-6837-5016／FAX 03-6837-5023
info@impress.co.jp
■書店／販売店のご注文窓口
株式会社インプレス受注センター
TEL 048-449-8040／FAX 048-449-8041

技術の泉シリーズ
Markdownライティング入門
プレーンテキストで気楽に書こう！

2018年12月14日　初版発行Ver.1.0（PDF版）
2019年4月5日　　Ver.1.1

編集人　山城 敬
発行人　井芹 昌信
発　行　株式会社インプレスR&D
　　　　〒101-0051
　　　　東京都千代田区神田神保町一丁目105番地
　　　　https://nextpublishing.jp/
発　売　株式会社インプレス
　　　　〒101-0051　東京都千代田区神田神保町一丁目105番地

●本書は著作権法上の保護を受けています。本書の一部あるいは全部について株式会社インプレスR&Dから文書による許諾を得ずに、いかなる方法においても無断で複写、複製することは禁じられています。

©2018 Yuki Fujiwara. All rights reserved.
印刷・製本　京葉流通倉庫株式会社
Printed in Japan

ISBN978-4-8443-9836-3

NextPublishing®

●本書はNextPublishingメソッドによって発行されています。
NextPublishingメソッドは株式会社インプレスR&Dが開発した、電子書籍と印刷書籍を同時発行できるデジタルファースト型の新出版方式です。https://nextpublishing.jp/